우리집은 목조주택 1

글/그림 최현기

My house is a Wooden house

설계에서 기초까지

머리말

건축은 초, 중, 고에서는 가르치지 않는 학문입니다.
유일하게 대학교부터 건축 교육은 시작되지만, 그때부터 시작해도 될 만한 학문은 아닙니다.
죽을 때까지 다 배우고 경험할 수 없는 학문이 건축인 것입니다.
더군다나, 이론과 실무로 구분되어 있어 부족한 부분은 서로 존중하며, 배우지 않으면
이해할 수도, 완성할 수도 없는 학문입니다.

이번에 만화책으로 목조주택 책을 쓰게 된 것은 두 가지 이유가 있습니다.

 첫 번째는 예비건축주가 목조주택을 보는 관점으로 내용을 정리하였습니다.
왜냐하면, 건축주만이 현재 잘못된 목조주택시장을 바로
잡을 수 있는 유일한 대상이기 때문입니다.
 예비건축주가 법규와 규정에 맞는 다양 지식을
이 책을 통해 알았을 때 많은 설계자와 시공자가
긴장하고 노력할 것이기 때문 입니다.

 두 번째는 어린이들에게 희망을 가져봅니다.
요즘 같은 때 누가 책을 보겠습니까.
하지만, 어린이들은 학습만화는 즐겨 보기에
이 책이 어린이들에게 재미있게 읽혀져서,
건축에 대한 흥미도 가지고,
기본적인 지식을 가졌으면 합니다.
 그래서, 그들이 성장하였을 때 올바른
건축을 할 수 있는 건축가가 되어 지금보다
나은 건축물이 지어지기를 기대해 봅니다.

저 자

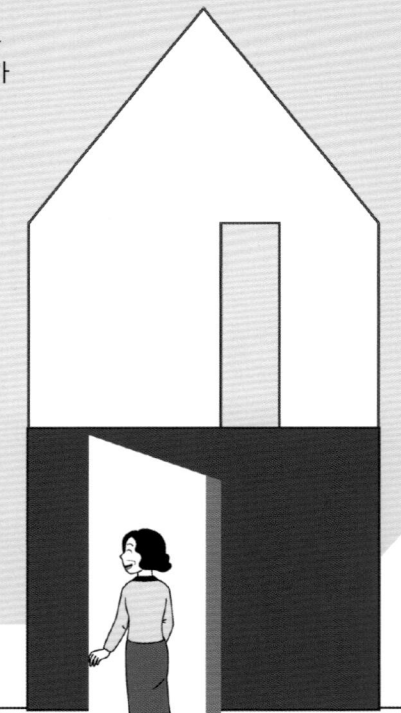

ps : 이 책의 내용은 그동안 이일을 해오며 겪었던 실제이야기를 바탕으로 하였습니다.

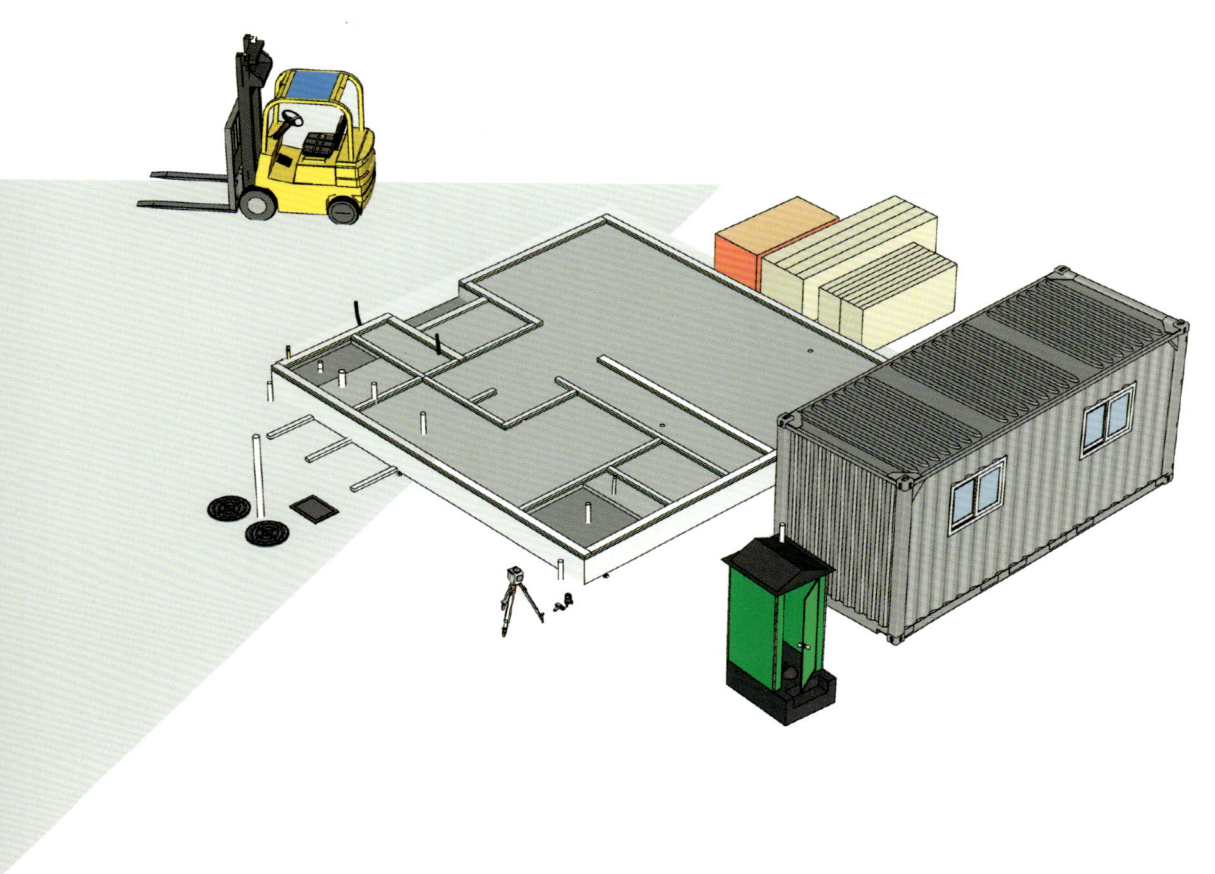

이 책을 편찬할 수 있도록 후원 해주신 (주)홈우드 박관서 사장님과 임직원분들께 감사드립니다.

Content

지식 별점 ★★★★★

지혜 별점 ★★★★★

머리말

목 차

11 집짓기 계획

17 설계사무소 방문

19 ★★★☆☆ 건축가의 등장 배경

23 ★★★★☆ 기성설계 VS 맞춤설계

25 ★★★★☆ 지적도에 관하여

28 ★★★★☆ 현장 답사

30 경사지 주택의 활용

30 ★★★☆☆ 잘못된 데크 설계

33 잘못된 건축자재

37 ★★★☆☆ 아파트 설계 문제점

39 자재 탐방

42 ★★★☆☆ 구조재 생산 과정

43 ★★★★★ 목재등급 인증표시

43 ★★★★☆ 실제치수와 공칭치수

44 OSB 생산 과정

45 ★★★★☆ OSB 인증표시

46 CDX 합판 생산 과정

46 ★★★★☆ 구조용 못

50 ★★★★☆ 목조주택용 창문

53 ★★★★☆ 지붕창에 관하여

55 ★★★★☆ 세라믹사이딩

64
특별한 강의

68 ★★★★☆
평당가격의 오류

71 ★★★★☆
설계자의 오류

75
설계 과정

76
맞춤설계의 시작

81 ★★★☆☆
다락허용 면적계산

86 ★★★☆☆
건축주의 판단오류

90 ★★★☆☆
설계 계약시 노하우

92
설계에서 준공까지의 진행과정

97 ★★★★☆
계획설계 진행순서

98
VR로 보는 계획설계

102
목조주택 교육

104 ★★★★★
합리적인 설계
-목재길이에 맞는 설계

105 ★★★★★
합리적인 설계
-건축자재에 맞는 벽체높이

109 ★★★★☆
아무것도 모르는 건축주

116
교수/교사/강사의 구분

117 ★★★☆☆
현장교육의 장단점

118
옴니아 직업학교

119	미국 예일대 건축과
120	★★★☆☆ 매뉴얼하우스란?
121	질문 있습니다
125	국내 교육 사례

129
이론 수업

130	★★★☆☆ 경량목구조의 탄생
132	발룬구조 VS 플랫폼구조
133	★★★★☆ 표준스터드

| 136 | ★★★★☆ 기초에서 마감까지 공사공정 순서 |

141
공사계약

| 145 | ★★★☆☆ 시공 계약 |
| 146 | ★★★★☆ 건축주가 준비해야 할 것 |

149
공사시작

150	시공 샵드로잉 작업
151	공장 제작
153	★★★☆☆ 패널라이징 시스템
156	★★★★☆ 건축예정지 무단경작금지

지식 별점
★★★★★
지혜 별점
★★★★★

159
콘크리트 기초
★★★★★

160 건물 배치

162 터파기

163 기초의 종류 3가지

164 전국 동결선 깊이

166 모세관 현상

168 거푸집에 대하여

170 가새설치 방법

172 정T와 yT의 차이

176 단열재 설치

177 기초 설비작업

179 클린아웃이란

182 기초 수평잡기

185 콘크리트 납품서

186 슬럼프테스트

189 앵커볼트

195 우수관과 유공관

198 외부설비 작업

199 상하수도 매립높이

200 정화조 바닥작업

201 정화조 원리

202 정화조 시스템

202 집수정 원리

204 오수트랩 연결과 원리

207
콘크리트 기초 공구

213
찾아 보기

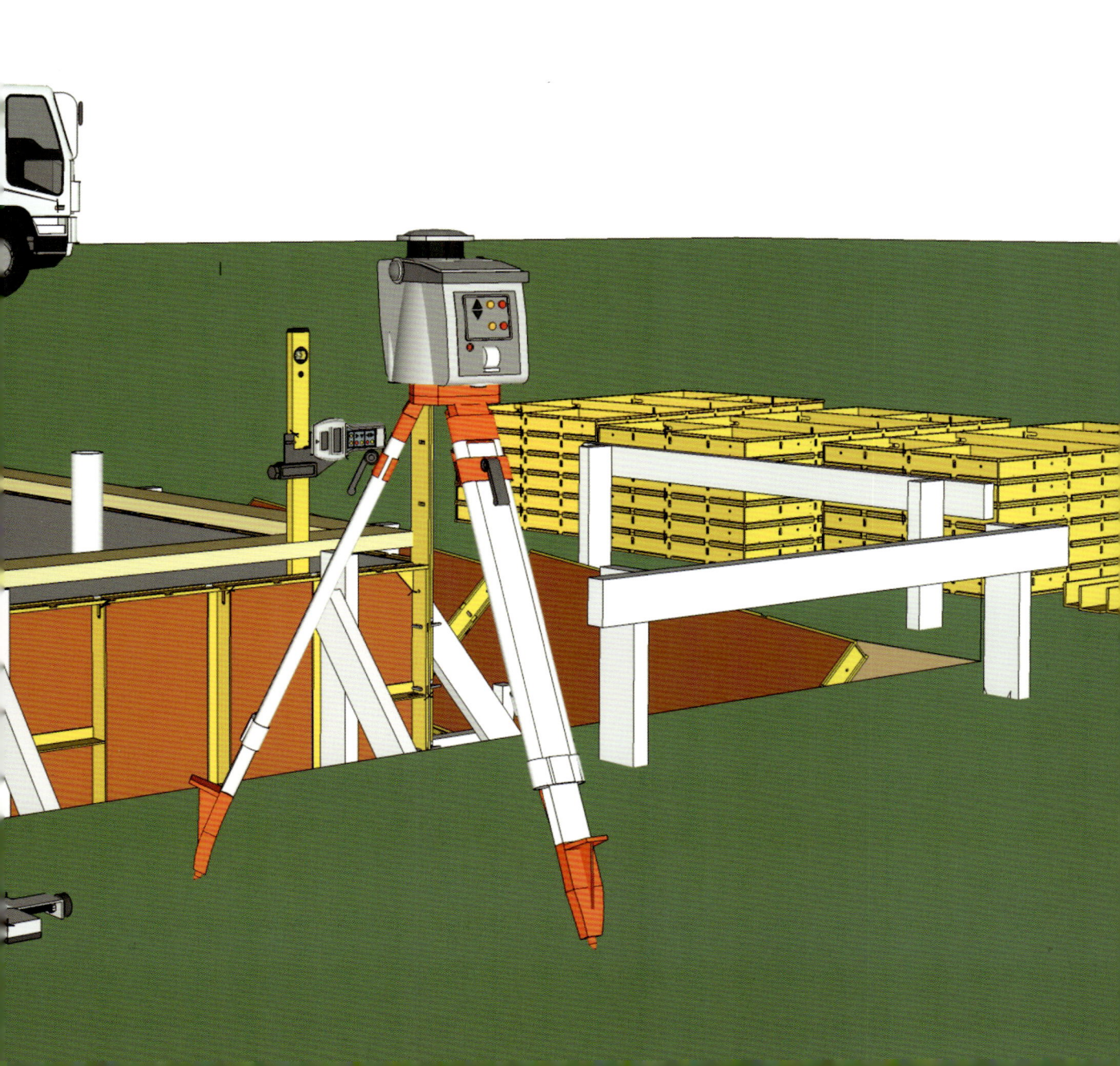

HOME PLAN

집짓기 계획

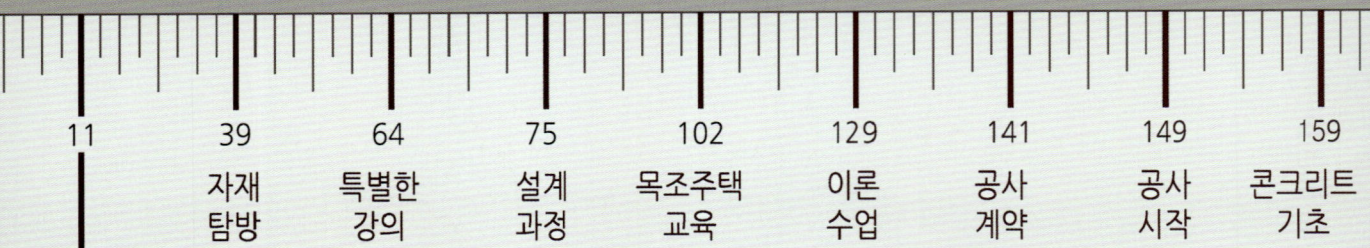

11	39	64	75	102	129	141	149	159
	자재 탐방	특별한 강의	설계 과정	목조주택 교육	이론 수업	공사 계약	공사 시작	콘크리트 기초

원술이의 가족이 목조주택을 짓기 위해 결정하는 과정과 설계사무소를 방문하게 된다. 경량 목구조 주택이 미국에서 처음 등장하게 되는 배경과 건축가와 건축사의 구분을 소개한다. 설계의 종류와 현장답사를 하면서 무엇을 점검하는지와 잘못된 자재회사를 방문하게 된 내용이 소개된다.

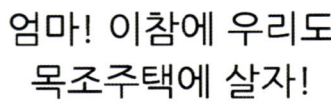

건축가의 등장 배경

재미 있겠어요. 얘기해 주세요.

처음 시작은 건축가였는데...

 1857년에 미국은 집짓는 일을 하기 위해 낮은 공사비를 제시해서 서로 공사를 뺏고, 뺏기는 시기였었지.
그 당시만해도 국가에서 공인된 시험을 통과하여 검증하는 '건축사' 자격제도도 없었고, 건축일을 하는 사람들이 서로 자기가 '건축가'라 부르던 이른바 건축일에 종사하는 사람, 즉 '건축인의 시대'였지.

목공일을 하는 목수도 건축가라 부르고, 벽돌을 쌓는 조적공들도 건축가라 부르니 구분이 모호해졌고, 그로인해 책임에 대해서도 혼란이 많았던 시기였어. 그러한 시기이다 보니 집을 짓고자 하는 건축주(집주인)도 혼란스러울 수밖에....

 그건 지금의 우리나라 상황하고도 크게 다르지 않은 것 같은데요.
우리도 옛날에는 목수가 집짓으면서 구조도 바꾸고, 디자인도 바꾸고 하면서 마음대로 했고, 목수가 정해주는 대로 그집에 살 수밖에 없었다고 하던데요.
그래서 그런지, 유일하게 목수에게만 '목수양반'이란 칭호가 붙었다고 아빠한테 들었어요.

 그래. 미국도 당시에는 건축실무를 전문으로 가르치는 학교도 없었고, 그에 따른 수료증이나 자격증을 발급해 주는 곳도 없었지.
그러다가 이 문제를 고민하던 13명의 건축가들이 뉴욕에서 만나 논의한 끝에 '미국건축가협회(AIA)'를 결성하게 된거야.

 협회가 만들어진 것은 현재 건축시장을 바로 잡기 위해 등장하게 된 것 이군요.

 독립운동을 하듯 미국에서 뜻이 맞는 사람들이 모여 만든것이 협회라고 생각하면 돼.
처음에는 국가에서 인정하지 않은 비인가로 시작한 건축가 협회였지만 다음해인 1858년에 협회에서 해야 할 일을 구체적으로 정하고, 건축가는 어떤 사람이고, 어떤 일을 하며, 어떤 것을 책임지는지에 대해 정하게 되었지.
그러면서 최초로 "표준계약서(1866년)"를 만들어 이를 지키는 것을 구체화 하였고, 그 이후로 점차 세분화하여 100가지가 넘는 계약서가 완성된 거야.

 우와~. 계약서가 100가지가 넘어요.
그럼, 그 이전까지는 계약서도 없었고, 공사에 대한 책임도 지지 않았다는 얘기군요. 그럼, 건축가의 책임이라는 것은 어떤것인가요?

 건축가의 영역에서 꽤 비중있는 부분이 설계 분야인데, 설계 과정에서 건축주와 상의해 설계를 완성하고, 설계대로 시공했는데, 문제가 되는 것은 건축가가 책임을 졌었지.

 네에~;; 설계한 대로 시공했는지 확인하고, 설계대로 했는데 문제가 되면 건축가가 책임을 진다구요. 그럼, 건축가와 디자이너의 차이는 뭐예요?

 디자이너는 건물의 구조와 기능은 관여하지 않고, 디자인만을 하는 것이기 때문에 건물에 대한 책임을 지는 것은 아니라는 뜻이지.
다시, 하던얘기를 계속 할게. 그러면서 1860년에는 인근의 다른 지역 건축가들도 같은 뜻을 가지고 확대해 나갔고, 그로부터 90년이 지난후인 1947년에 '미국건축사 협회(AIA)'가 국가가 인정하는 기관으로 이름이 바뀌게 된거야.

 아~ 그럼. 그때부터 국가가 인증하면서 '건축가'가 '건축사'로 바뀌게 된거군요.

 1870년도에는 무분별한 건축물의 질서를 바로잡기 위해 건축가가 도시계획에 참여하여 현재의 모습과 미래의 모습을 구상하여 현재 건축물이 미래에 미칠 영향 등을 고민하고, 도시를 계획하는 일에 건축가가 참여해야 한다는 것에 합의를 하게 되지. 그러면서 건물디자인을 공모하여 현상설계에 건축가들이 참여하도록 유도하고 심사하는 단계를 거치게 된거야.

 건축가들이 미래를 걱정하는 것도 그 시기였군요.
도시계획설계라는 것도 그때 등장하게 되었구요.
그럼, 대학교육도 이 변화에 맞춰 교육을 했겠네요?

 당시의 대학 교육은 건축실무에 필요한 교육을 가르친 것이 아니였기에, 현장에서도 대학교육을 무시하면서 대립구도가 오랫동안 지속되었지. 그러다가 이 문제를 알게 된 미국건축가협회(AIA)가 대학에 요구했지만 처음에는 받아들여지지 않았고, 자체적으로 건축교육기관을 만들려고 시도하였으나 그것도 어려움에 봉착하여 실패하게 되었지.

그로부터 10년이 지난 1867년에 미국건축가협회는 MIT대학과 코넬대학, 일리노이대학, 콜롬비아대학, 터스키기대학과 협력하여 학생들이 졸업 후에 건축실무에 필요한 교육들을 미국건축가협회에서 지원하는 방식으로 교육이 바뀌면서 그 문제점을 개선해 나가게 된 것이고, 이러한 교육이 좋은 평을 받으며 미국 전역으로 확대된 것이지.

아하~!!

그럼, 건축가나 건축사 외에 설계자라고 부르는 것은 왜죠?

설계자는 좀더 포괄적인 의미로 해석하면 돼. 말뜻 그대로 "설계하는 사람"을 나타내는 것이니까. 설계자 안에 건축사도 있고, 건축가도 있다고 생각하면 돼.

그럼, 건축사와 건축가의 구분은요?

건축가는 건축에 대한 전문적인 지식이나 기술을 가진 사람을 일컫는데, 국토 교통부의 국가자격은 없고, 건축사는 건축가의 활동범위를 포함하면서 우리나라 국토교통부로부터 자격증을 받아 건축물의 설계, 공사감리 등의 책임지는 일을 할 수 있는 자격을 가진 사람을 말하지. 그래서 건축가로 활동하다가 건축사 자격을 취득했다면 본인을 소개할 때 '건축사'라고 소개하는 것이 맞는거야. 그래야 일반인들도 구분할 수 있겠지.

그런데, 설계자가 시공자 보다 현장 경험이 부족하기 때문에 디테일을 잘 알 수는 없지 않나요? 그런데, 어떻게 상세설계를 하죠?

처음에는 계획설계 단계에서 설계자가 디자인을 하고, 완성된 디자인을 시공사에 보내면 시공사에서 구조와 기능, 자재에 맞게 디자인 설계를 수정해 다시 설계자에게 보내지. 그럼, 설계자는 다시 점검해서 변경된 디자인으로 보내고, 시공사와 주고 받으며 원하는 디자인 나왔을때 결과물을 건축주에게 알리지.

설계자가 시공 경험이 없는데, 시공도면을 그리게 되면 현장에서는 도면과 현장상황이 맞지 않아 곤란을 겪고, 시공자에게 설계를 맡기면 작업하기 편한대로만 설계를 하다보니 건물의 디자인은 무시된채 이른바 집장사의 집들이 난무하게 되어 도시환경에 피해를 입히게 되지. 그래서 건축은 좋은 팀워크를 발휘하는 것이 매우 중요해.

그럼, 설계자가 진두지휘 하면서 건축주의 의견과 시공자의 의견을 조율하면서 원하는 디자인을 완성하는 역할이군요.

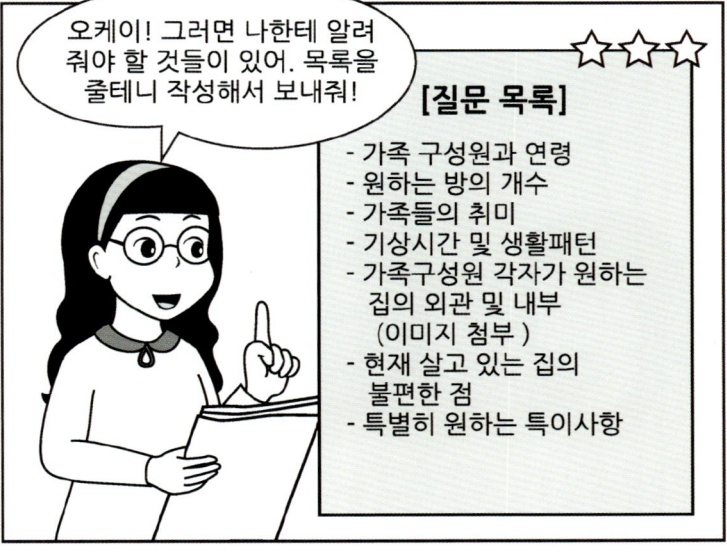

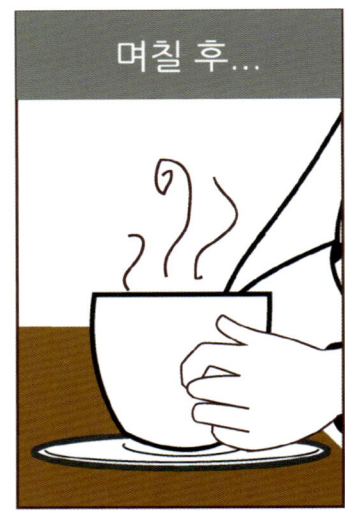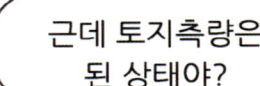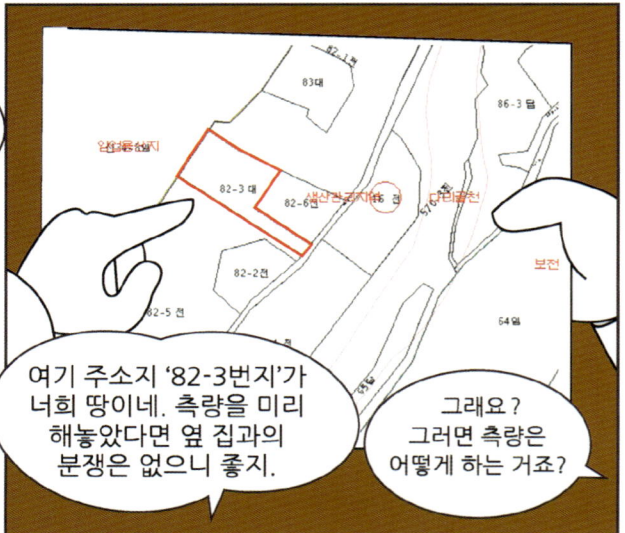

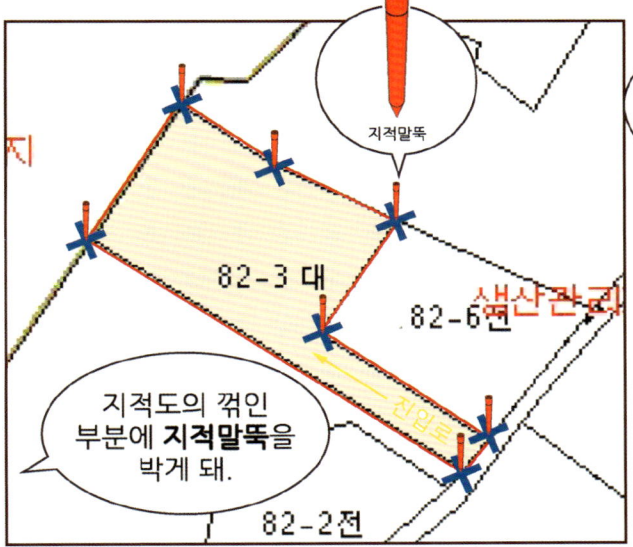
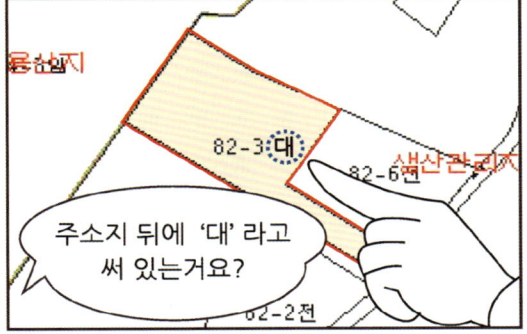

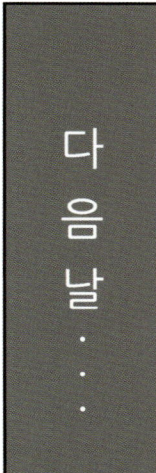

1. 현관문과 욕실문이 마주 보는 것은 좋지 않다.

지인을 집에 초대했는데 아빠가 속옷만 입고 욕실에서 나오셔서 당황스러웠던 적이 있었을 꺼야.~

2. 식탁 옆에 화장실이 있는 것은 좋지 않다.

식탁에서 식사를 하고 있는데 화장실에서 냄새가 나는 거야. 그래서 화장실문을 닫았더니 항상 습하고 더러워 세균이 많은 거지~

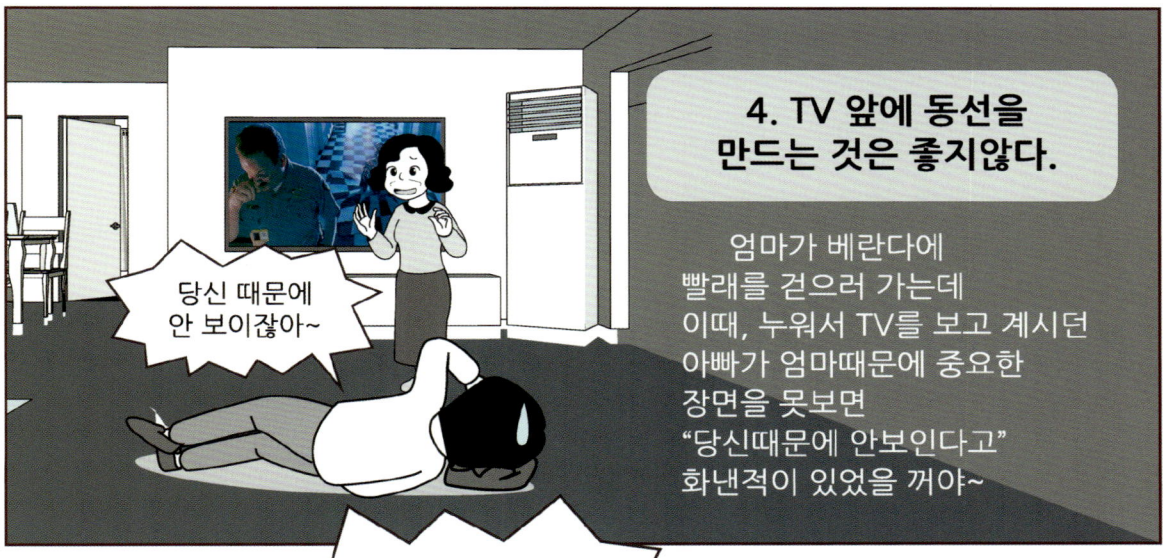

MATERIAL

자재 탐방

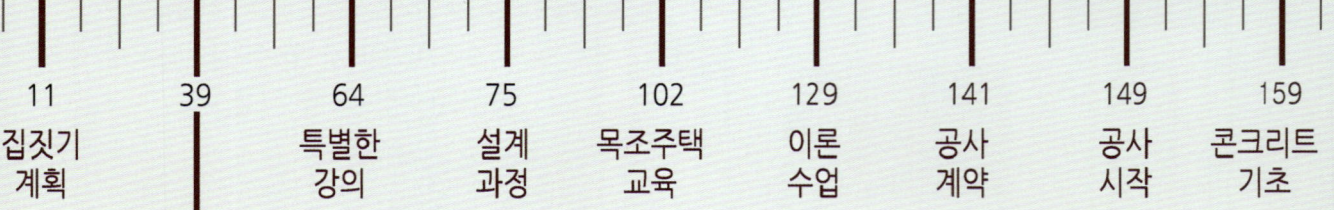

11	39	64	75	102	129	141	149	159
집짓기 계획	특별한 강의	설계 과정	목조주택 교육	이론 수업	공사 계약	공사 시작	콘크리트 기초

자재회사를 방문하여 목재와 합판이 생산되는 과정을 소개받고, 못박기규정에 대해 소개받는다. 목조주택 창문과 지붕창에 대한 소개와 세라믹사이딩의 설치가이드에 있는 내용들을 상세히 소개받는다.

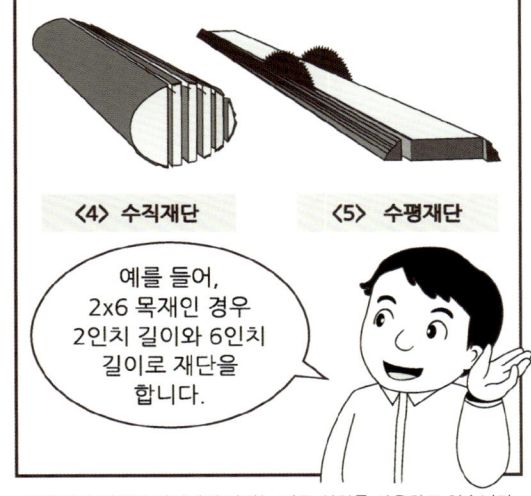

<8> 목재 인증 표시

목재등급 인증표시

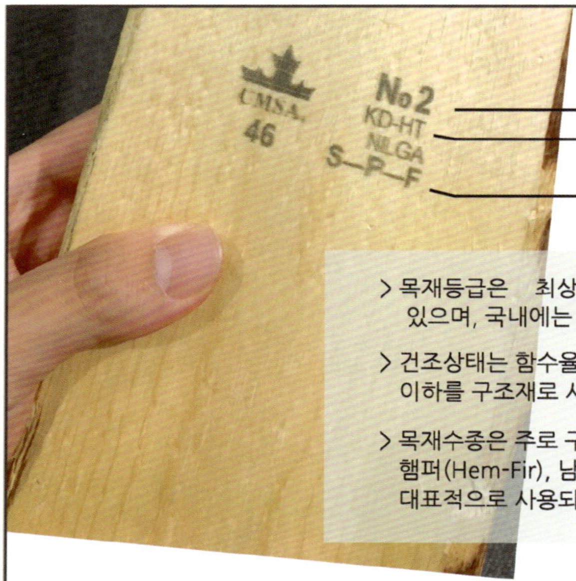

- 목재등급 (2등급)
- 건조상태 (인공건조:Klin Dry-HeaT)
- 목재수종(Spruce Pine Fir)

> 목재등급은 최상등급(SS), 1등급(No1), 2등급(No2), 3등급(No3)이 있으며, 국내에는 1등급과 2등급을 주로 수입하고 있습니다.

> 건조상태는 함수율 측정기로 측정하는데 목조주택에서는 함수율 19% 이하를 구조재로 사용하도록 규정하고 있습니다.

> 목재수종은 주로 구조재로 사용하는 것은 더글러스 퍼(D-Fir)와 햄퍼(Hem-Fir), 남부황소나무(Southern yellow Pine), 그리고 S-P-F가 대표적으로 사용되고 있으며, 국내에서는 SPF를 주로 수입하고 있습니다.

실제치수와 공칭치수

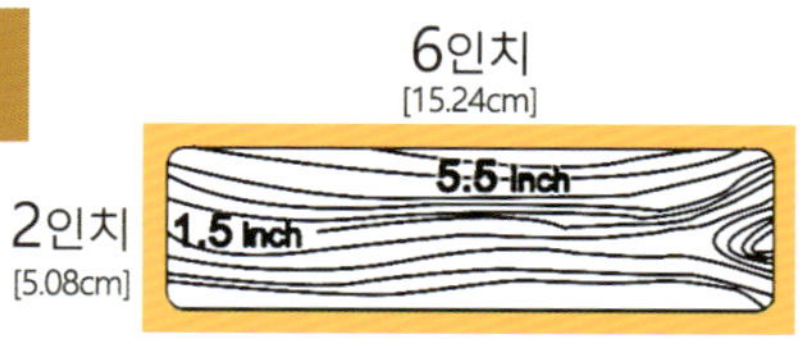

6인치 [15.24cm] — 5.5 Inch
2인치 [5.08cm] — 1.5 Inch

예를들어, 2x6(투바이식스) 목재는 처음 가공할 때 2인치와 6인치로 가공이 되지만 건조와 대패, 사포의 단계로 진행되면서 그 크기가 줄어듭니다. 그래서, 실제치수는 1.5인치와 5.5인치 이고, 이것을 부르는 공칭치수는 그대로 2x6로 부릅니다.

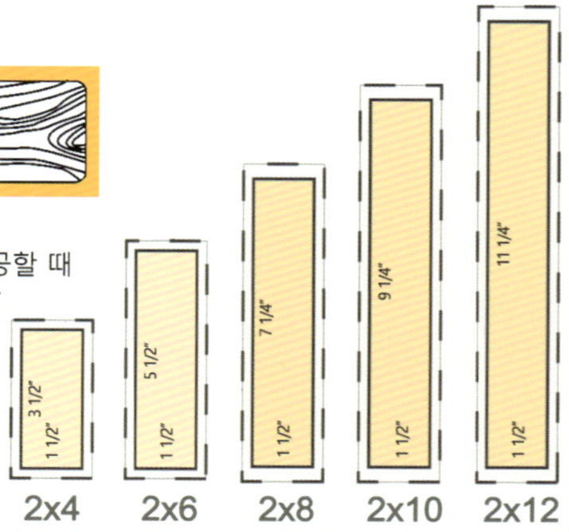

공칭	실제치수
2x4	1 1/2" × 3 1/2"
2x6	1 1/2" × 5 1/2"
2x8	1 1/2" × 7 1/4"
2x10	1 1/2" × 9 1/4"
2x12	1 1/2" × 11 1/4"

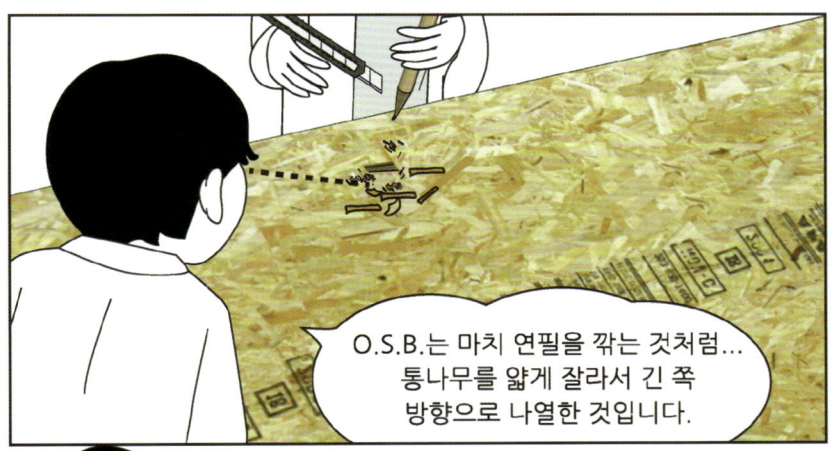

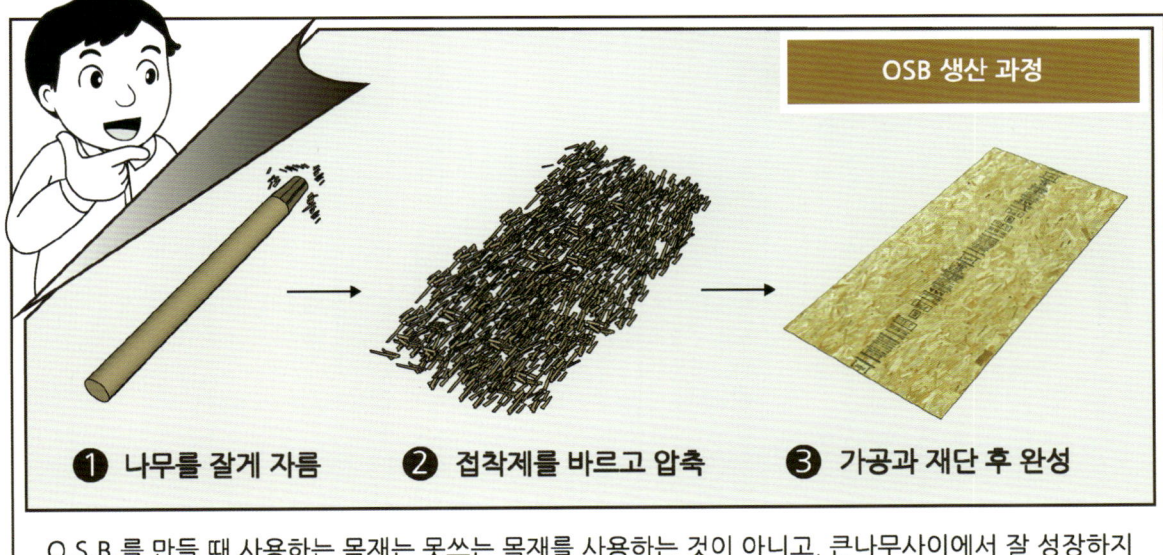

OSB 인증표시

구조재 간격에 의한 합판 설치조건

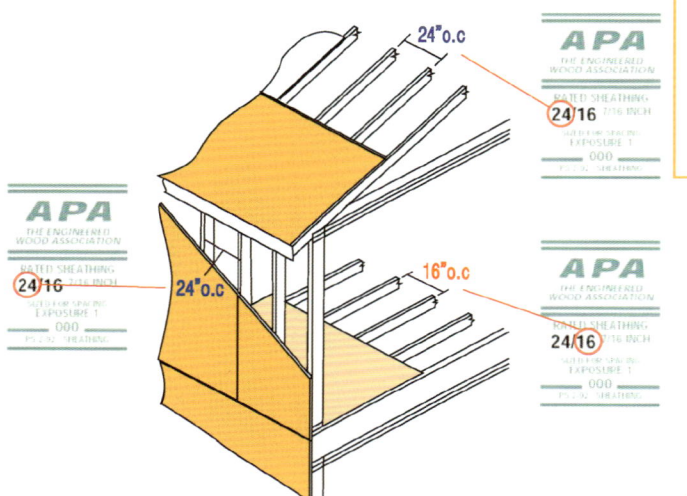

* 공사중에 비를 맞아도 된다는 표기

OSB 인증마크에서 24/16에 대해 설명 드리겠습니다.

목조주택의 구조는 벽체와 바닥, 그리고 지붕으로 이루어졌습니다. 이들 구조재의 간격은 12인치(대략 30cm), 16인치(대략 40cm), 24인치(대략 60cm)로 이루어졌습니다.
예를들어, 위의 O.S.B.합판을 벽체에 사용가능한 간격은 12, 16, 24인치 모두 가능하다는 뜻입니다.
바닥에 사용하고 싶다면 12, 16인치까지 가능하며, 지붕에 사용하고 싶다면 12, 16, 24인치 모두 사용 가능하다는 뜻입니다.

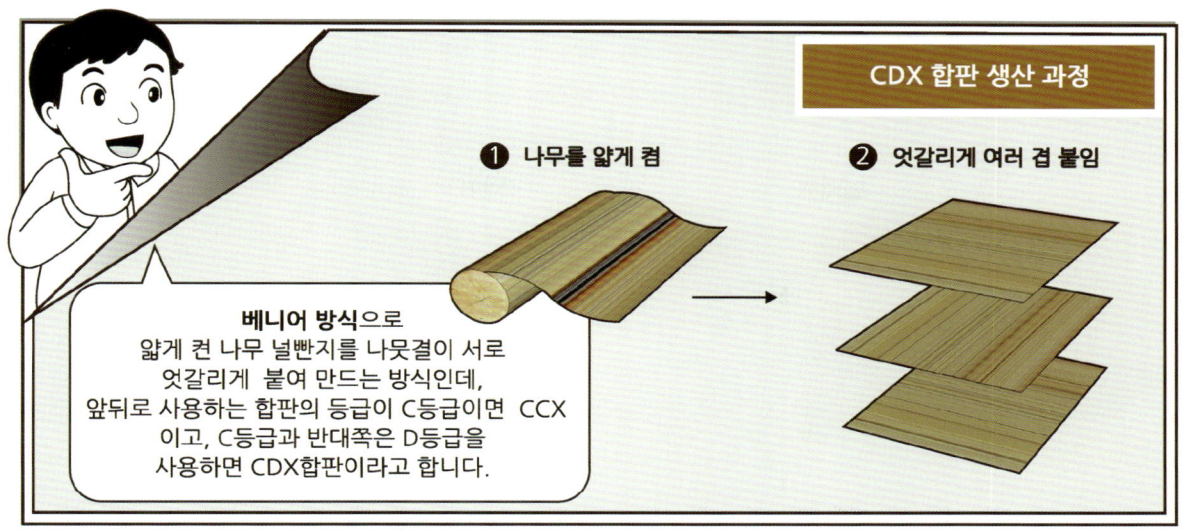

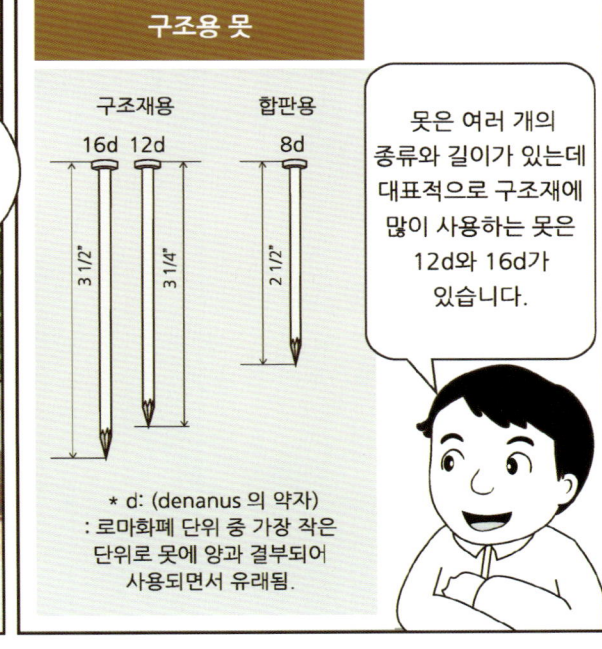

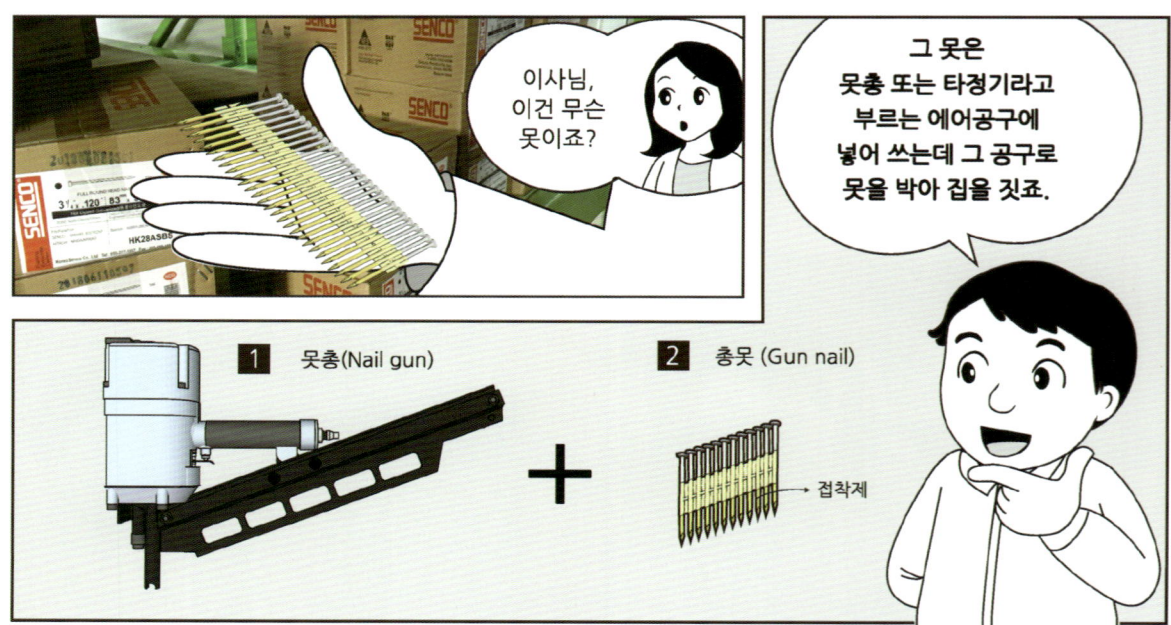

골조(Frame)
[구조용 합판이 설치된 모습]

골조(Frame)
[구조용 목재만 설치된 모습]

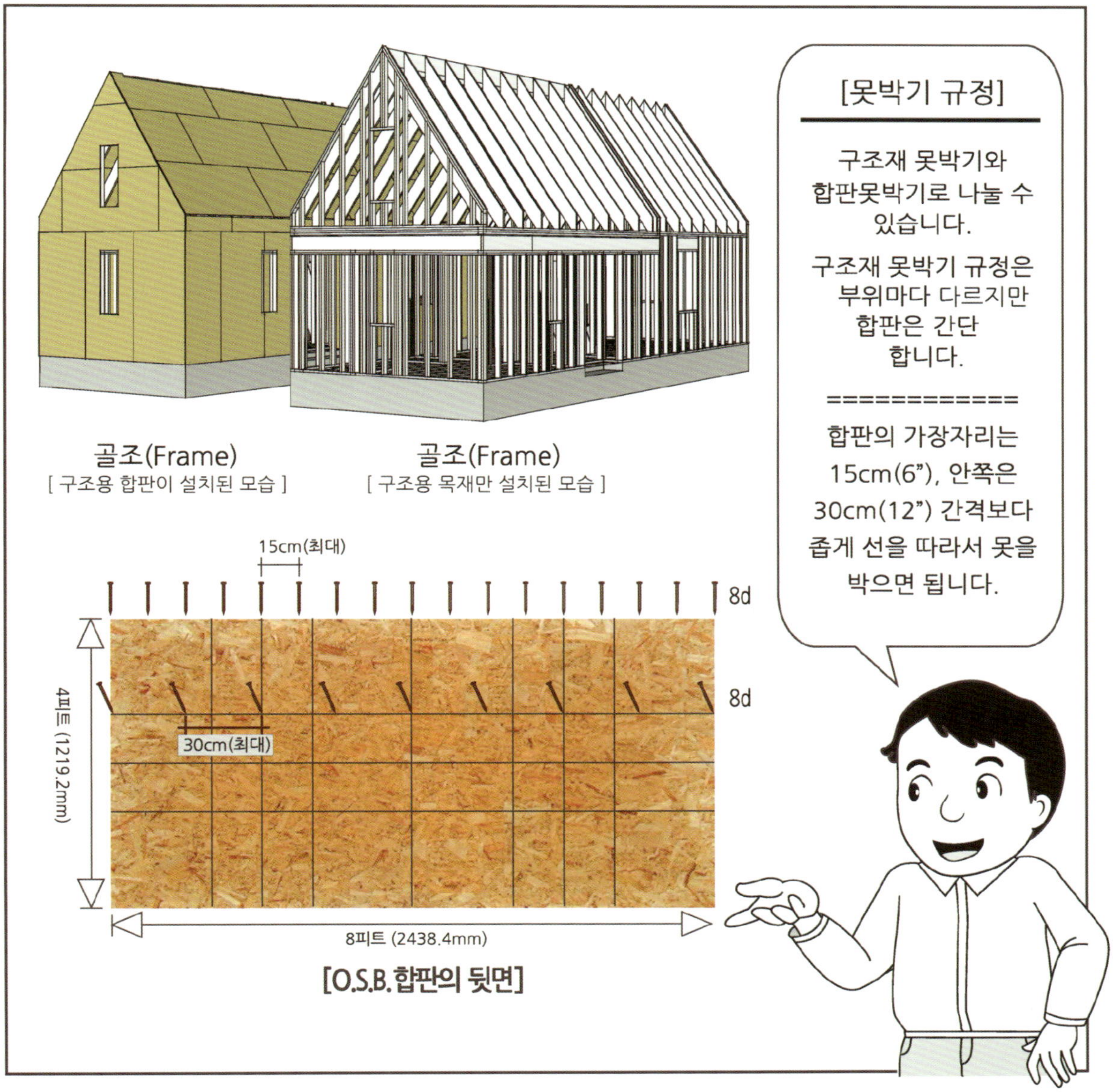

[못박기 규정]

구조재 못박기와 합판못박기로 나눌 수 있습니다.

구조재 못박기 규정은 부위마다 다르지만 합판은 간단 합니다.

============

합판의 가장자리는 15cm(6"), 안쪽은 30cm(12") 간격보다 좁게 선을 따라서 못을 박으면 됩니다.

- 15cm(최대)
- 8d
- 30cm(최대)
- 8d
- 4피트 (1219.2mm)
- 8피트 (2438.4mm)

[O.S.B. 합판의 뒷면]

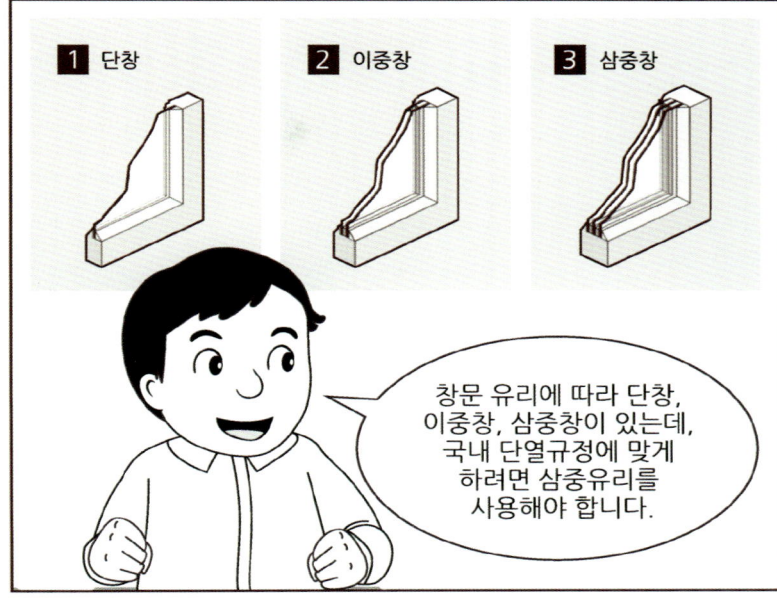

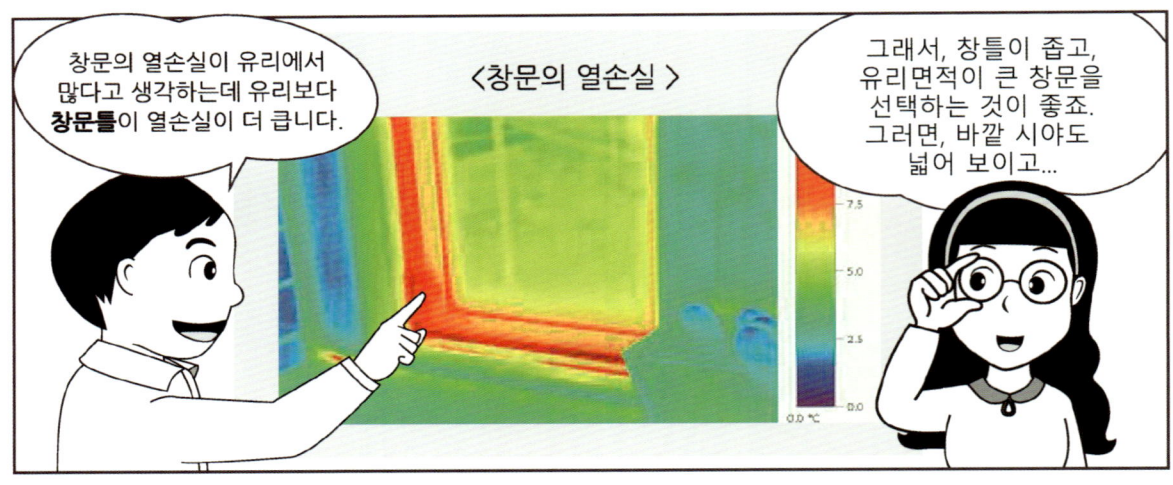

[정품 창문 구별법]

❶ '-식', '-형' 이 들어간 제품
ex) 독일식 창문, 유럽형 창문 (X)

❷ '산' 이 들어간 제품
ex) 미국산 창문, 캐나다산 창문 (O)

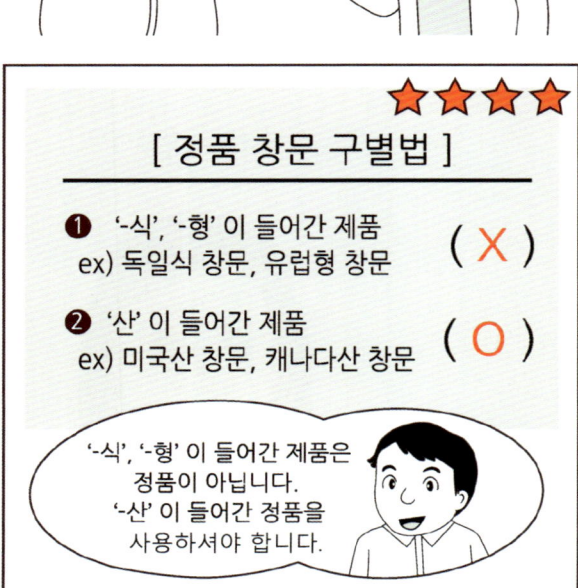

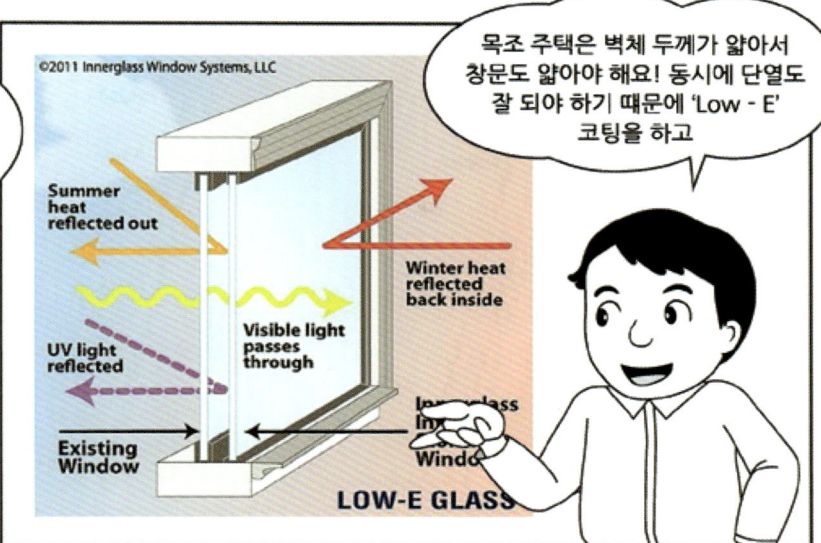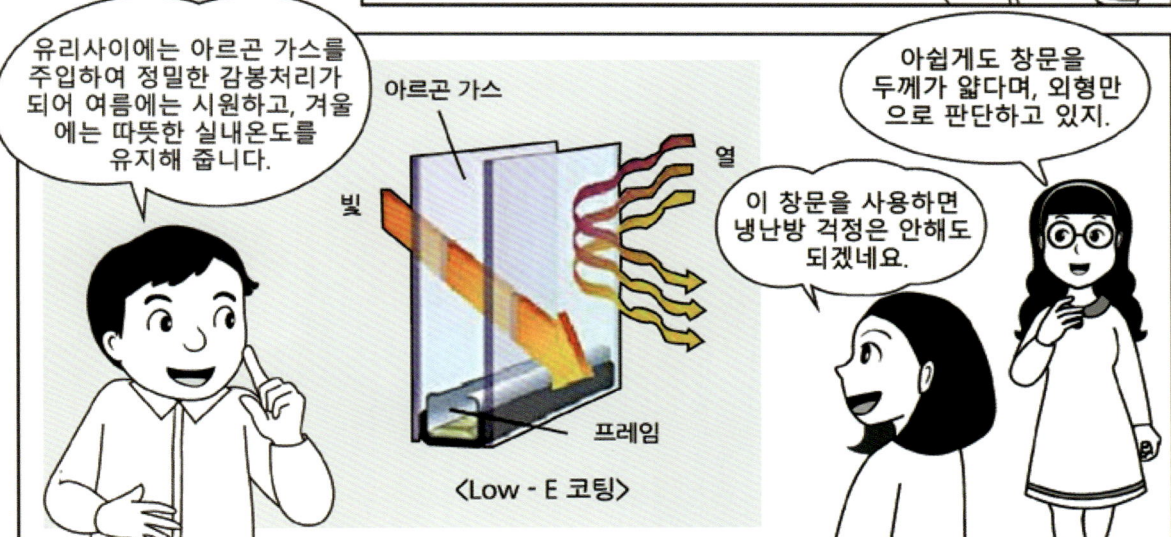

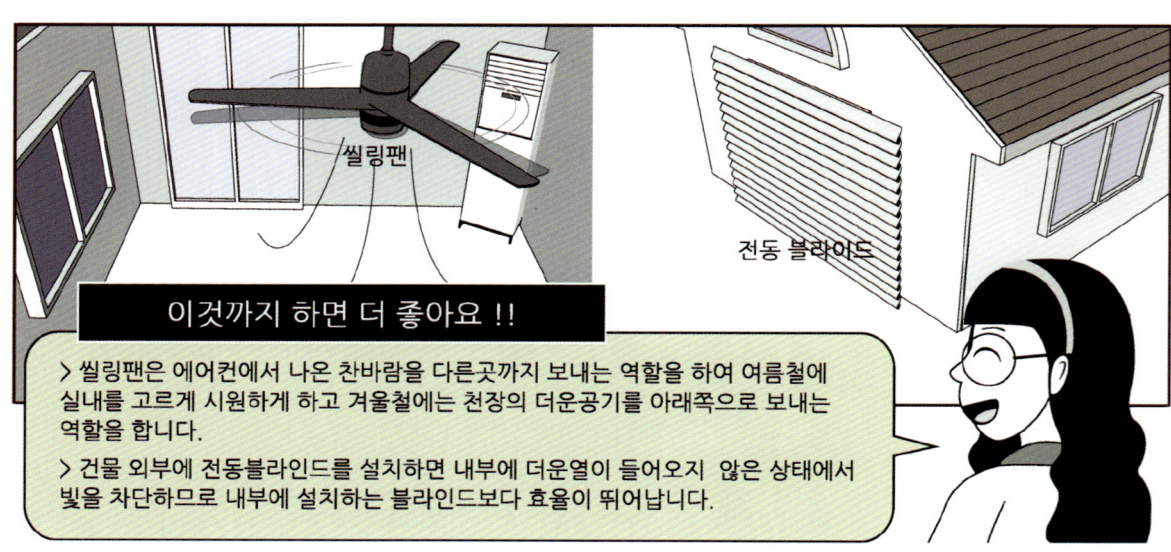

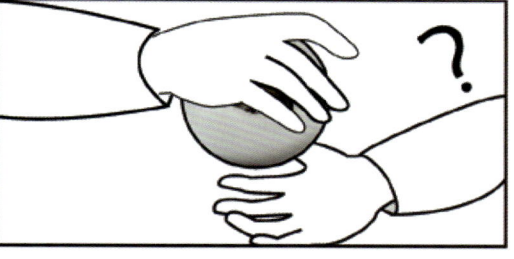

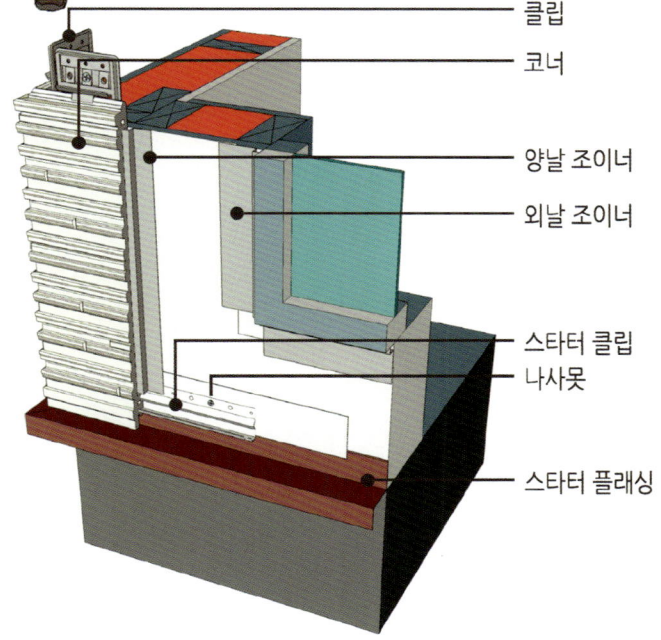

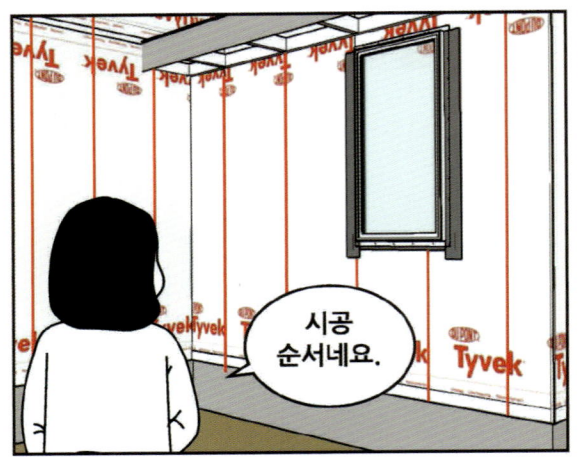

1. 세라믹사이딩은 클립을 사용해 벽체 스터드에 고정하는 방식이므로 스터드 위치를 일일이 표시해야 한다.

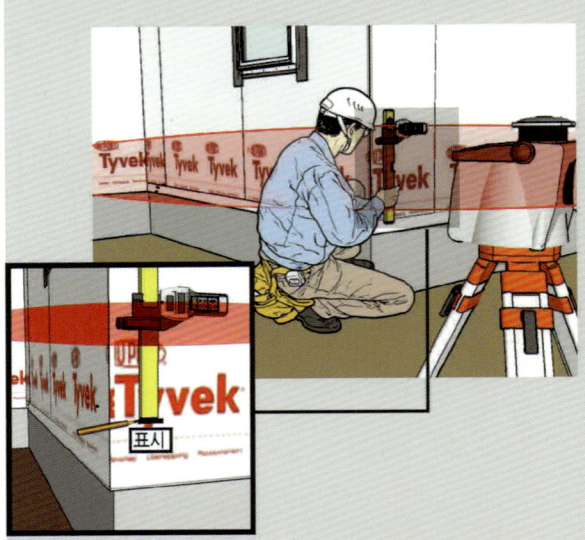

2. 건물의 기준 수평을 표시하기 위해 레이저 레벨을 사각지점이 없는 곳에 설치한다. 레이저레벨을 작동시켜 건물의 안쪽과 바깥쪽 모서리에 센서를 사용해 "삐~" 소리가 나는 지점에 표시한다.

3. 표시된 지점으로부터 스타터 후레슁이 설치될 곳까지 이동시켜 표시한다.

4. 세라믹 사이딩을 설치할 곳에 모두 초크라인으로 표시하여 기준선을 만든다.

5 스타터 플래싱 접는 방법

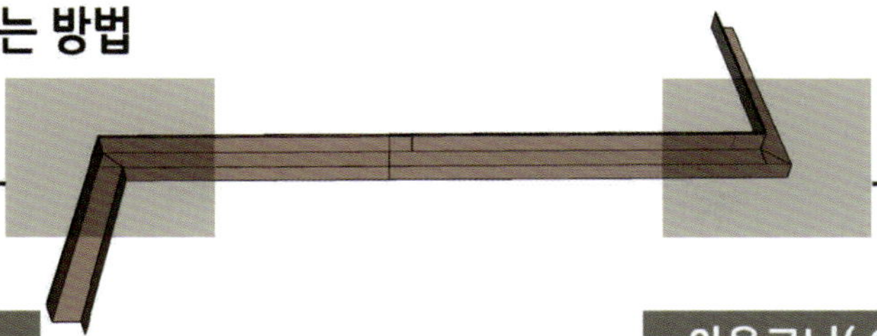

인 코너(In corner)

*인코너 기준선 ← 설치길이 →

안쪽모서리 기준선을 직각삼각자를
사용하여 그림과 같이 선을 그린다.

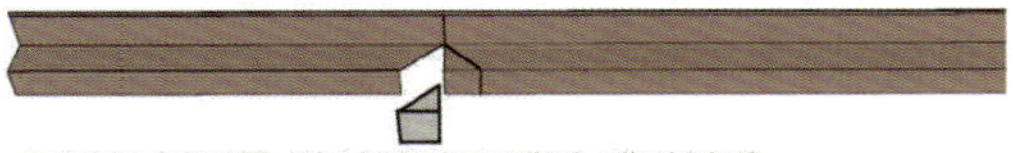

그림의 부위를 함석가위로 잘라 제거한다.

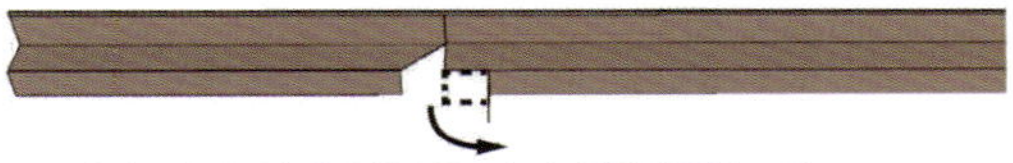

그림과 같이 꺾인 부분을 잘라 안쪽방향으로
90도 접는다.

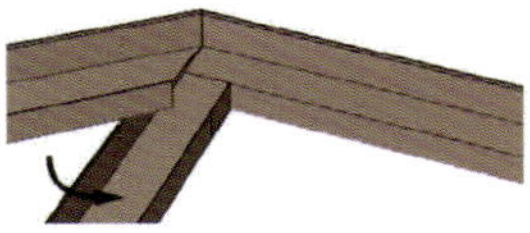

꺾인 모서리가 아래쪽으로
들어가도록 접는다.

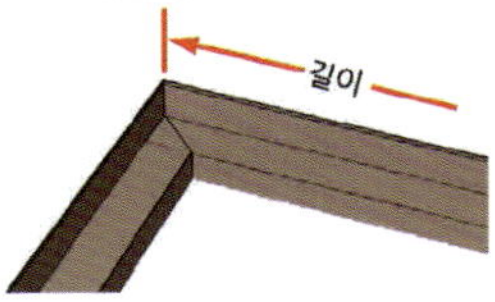

[완성된 모습]

아웃코너(Out corner)

*아웃코너 기준선

바깥모서리 기준선을 직각삼각자를
사용하여 그림과 같이 선을 그린다.

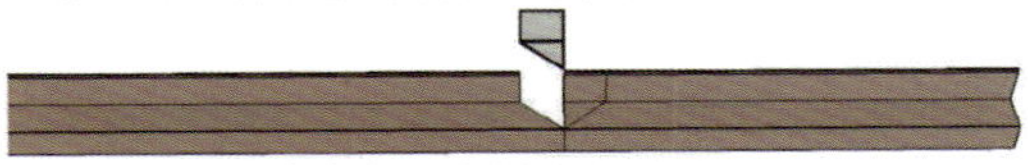

그림의 부위를 함석가위로 잘라 제거한다.

그림과 같이 꺾인 부분을 잘라 바깥쪽방향으로
90도 접는다.

꺾인 모서리가 아래쪽으로
들어가도록 접는다.

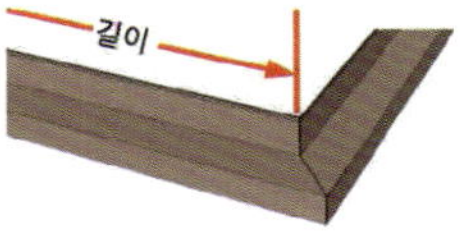

[완성된 모습]

6
스틸용 나사못을 사용하여 고정한다.

스타터 플래싱은 흰개미방지턱으로 사용되어
주택이 흰개미로부터 받는 피해를 차단해준다.

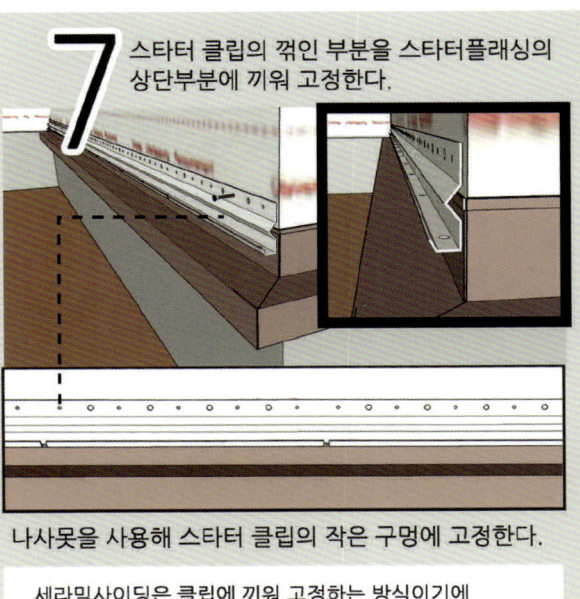

7 스타터 클립의 꺾인 부분을 스타터플래싱의
상단부분에 끼워 고정한다.

나사못을 사용해 스타터 클립의 작은 구멍에 고정한다.

세라믹사이딩은 클립에 끼워 고정하는 방식이기에
스타터 클립의 수평이 맞지 않으면 처음부터
다시 작업해야 하므로 수평작업은 매우 중요하다.

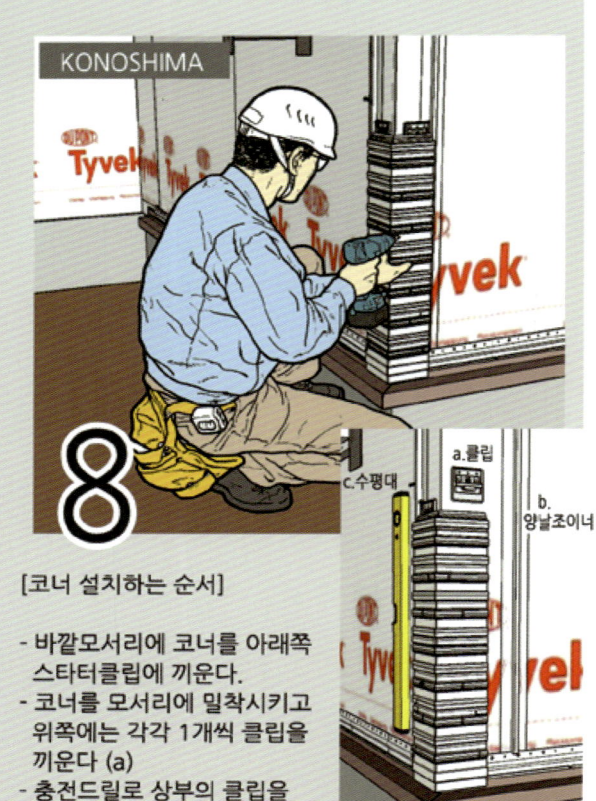

8

[코너 설치하는 순서]

- 바깥모서리에 코너를 아래쪽 스타터클립에 끼운다.
- 코너를 모서리에 밀착시키고 위쪽에는 각각 1개씩 클립을 끼운다 (a)
- 충전드릴로 상부의 클립을 느슨하게 조인다.
- 양날조이너를 코너 옆면 양쪽에 끼워 넣은 후 고정시킨다 (b)
- 수평대로 코너의 수직상태를 확인하고 맞지 않는 경우에는 클립을 살짝 풀러 수직을 맞춘 후 다시 고정한다 (c)

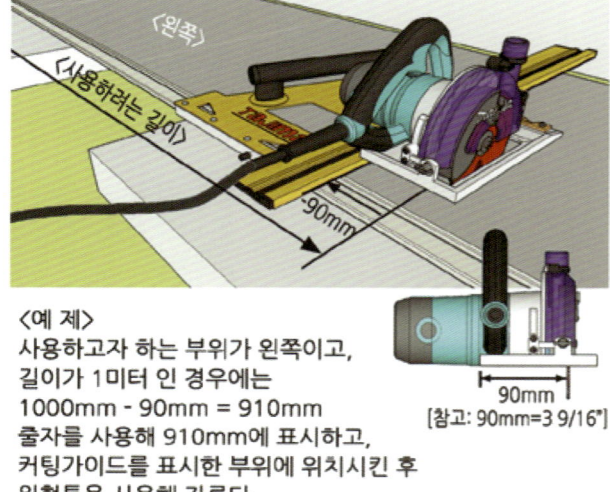

9

[세라믹사이딩을 자르는 방법]

- 바닥에 스티로폼을 깐다
- 세라믹사이딩을 뒤집어 올려 놓는다
- 사용하려고 하는 부위가 왼쪽인 경우: 길이 -90mm
  사용하려고 하는 부위가 오른쪽인 경우
  : 길이 + 90mm + 톱날두께

〈예 제〉
사용하고자 하는 부위가 왼쪽이고,
길이가 1미터 인 경우에는
1000mm - 90mm = 910mm
줄자를 사용해 910mm에 표시하고,
커팅가이드를 표시한 부위에 위치시킨 후
원형톱을 사용해 자른다.

[참고: 90mm=3 9/16"]

10 아래쪽의 스타터 클립에 세라믹사이딩을 끼워 놓고, 클립은 스터드 위치에 올려 놓은 후 고정시킨다. 이어 설치되는 세라믹사이딩의 연결 부위에는 양날 조이너를 끼워 넣고 세라믹사이딩을 고정한다. 이때 양날조이너는 고정시키지 않아도 된다.

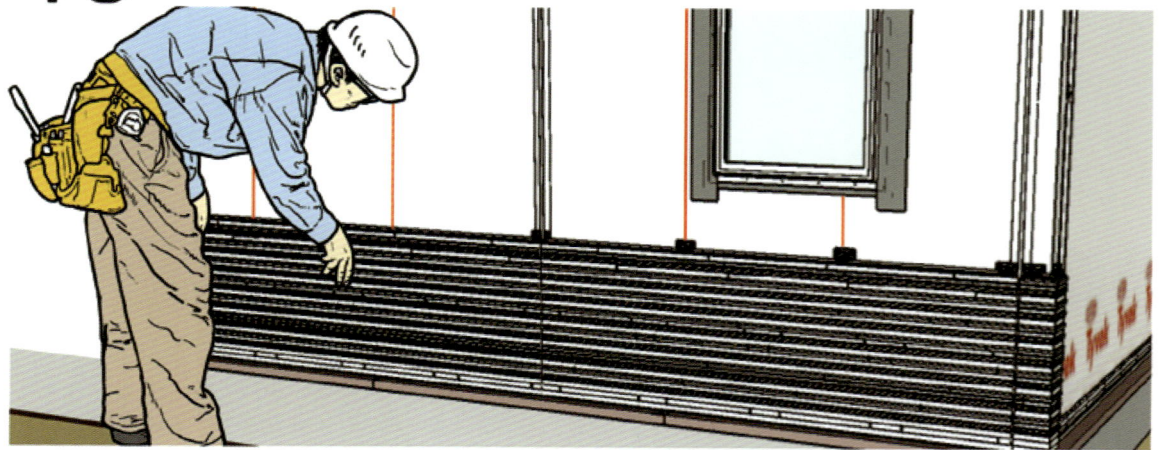

[높이의 절반 이하로 따냄 작업을 할 때]

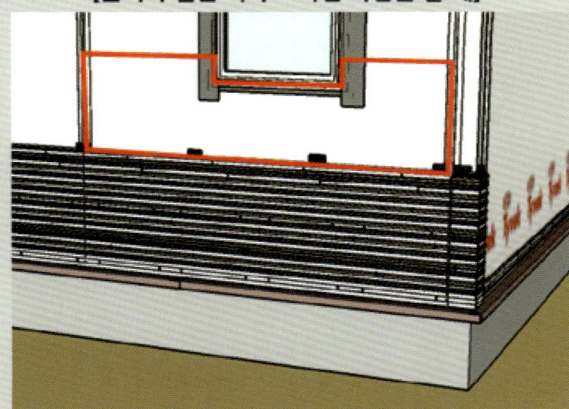

11a

1) 창문 상하좌우에는 외날 조이너를 설치한다.
2) 세라믹사이딩을 뒤집어 놓고 실측할 준비를 한다.
   이때, 뒤집었기 때문에 실측해야 할 좌우가
   바뀐 것에 유의해야 한다.
3) 세라믹사이딩이 설치될 곳에 창문크기를 실측
   하여 사이딩에 옮긴다.

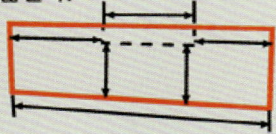

4) 창문 주변은 원형톱으로 표시된 곳까지 가까이
   자른후 손톱으로 자른다.

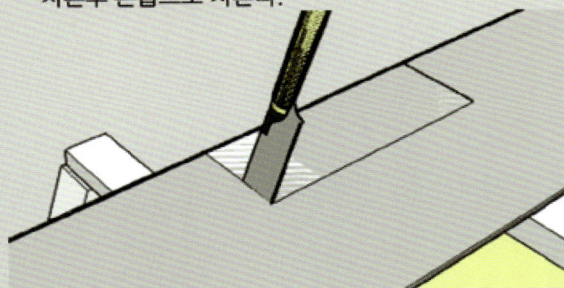

5) 창문 하단에 스페이서를 붙인다.

[높이의 절반 이상으로 따냄 작업을 할 때]

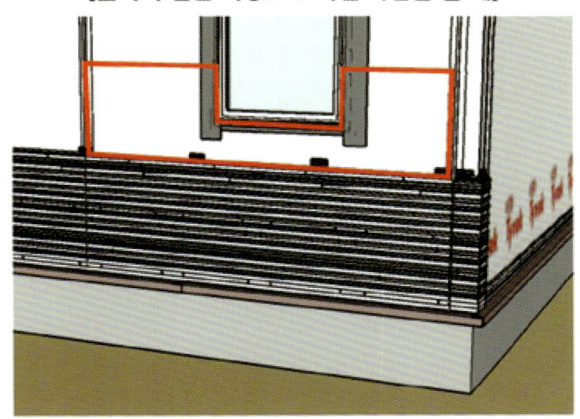

11b

1) 창문 상하좌우에는 외날 조이너를 설치한다.
2) 세라믹사이딩을 뒤집어 놓고 실측할 준비를 한다.
   이때, 뒤집었기 때문에 실측해야 할 좌우가 바뀐 것에
   유의해야 한다.
3) 세라믹사이딩 3등분으로 나누어 설치한다.

4) 좌우로 세라믹사이딩이 연결되는 곳에 양날
   조이너를 끼워 넣는다.
5) 창문 하단에 별도로 설치되는 세라믹사이딩의
   상부에 스페이서를 붙여 넣는다.

세라믹사이딩의 높이보다 절반 이하로 따냄작업을 할 때에는 1조각으로 설치한다.

세라믹사이딩의 높이보다 절반 이상으로 따냄작업을 할 때에는 3조각으로 설치한다.

세라믹사이딩을 설치하면서 맨 위쪽 끝부분은 잘라서 설치해야 한다. 미리 스페이서를 붙여놓고 설치하며 세라믹사이딩에는 고정할 나사구멍을 미리 뚫어 놓고 나사못으로 고정하는 것이 좋다.

양날 조이너와 외날 조이너가 만나는 사이딩 끝부분에 도장작업을 위한 테이프를 붙인다.

테이프 사이로 코킹처리를 해서 세라믹 사이딩의 절단된 면을 덮어 빗물로부터 보호한다. 코킹이 건조된 후에 도장 작업을 하여 마무리한다.

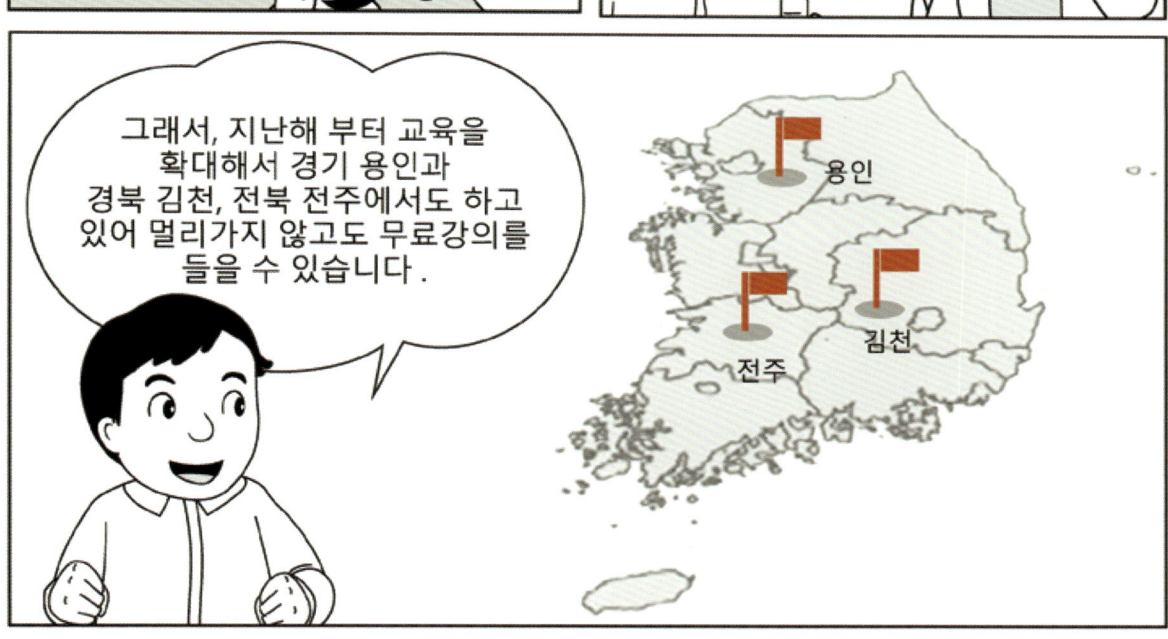

SPECIAL LECTURE

특별한 강의

11	39	64	75	102	129	141	149	159
집짓기 계획	자재 탐방		설계 과정	목조주택 교육	이론 수업	공사 계약	공사 시작	콘크리트 기초

예비건축주가 속는 경우를 소개하고, 평당가격의 오류를 소개한다. 견적에 맞지 않는 설계가 건축주에게 미치는 악영항을 실제 사례를 통해 소개한다.

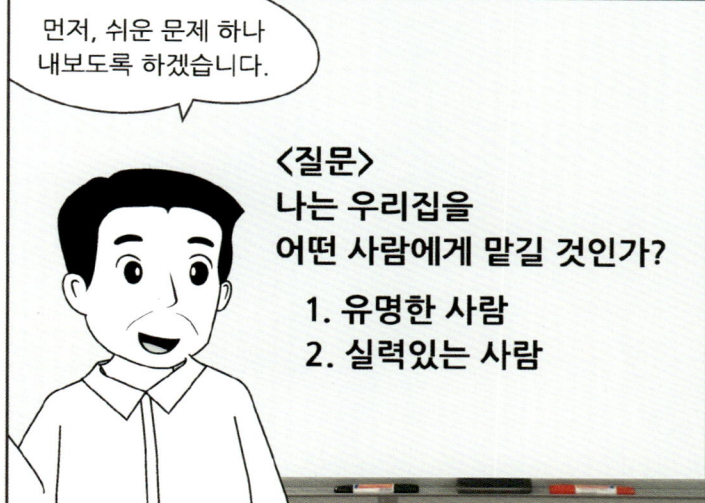

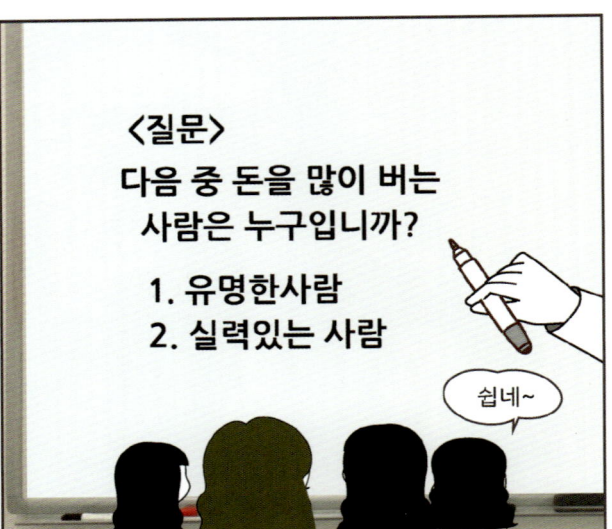

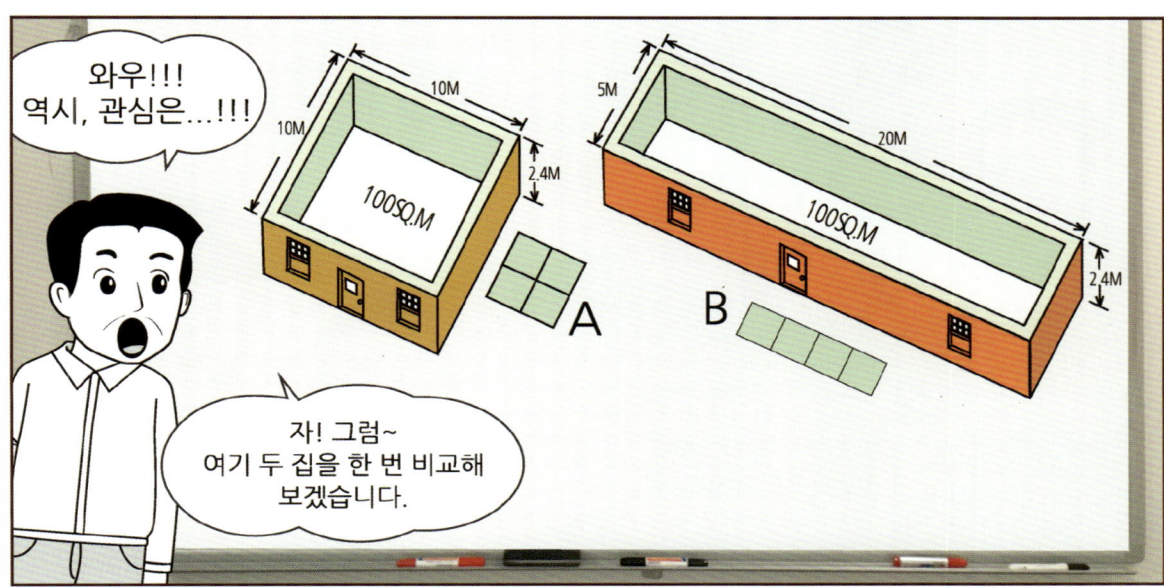

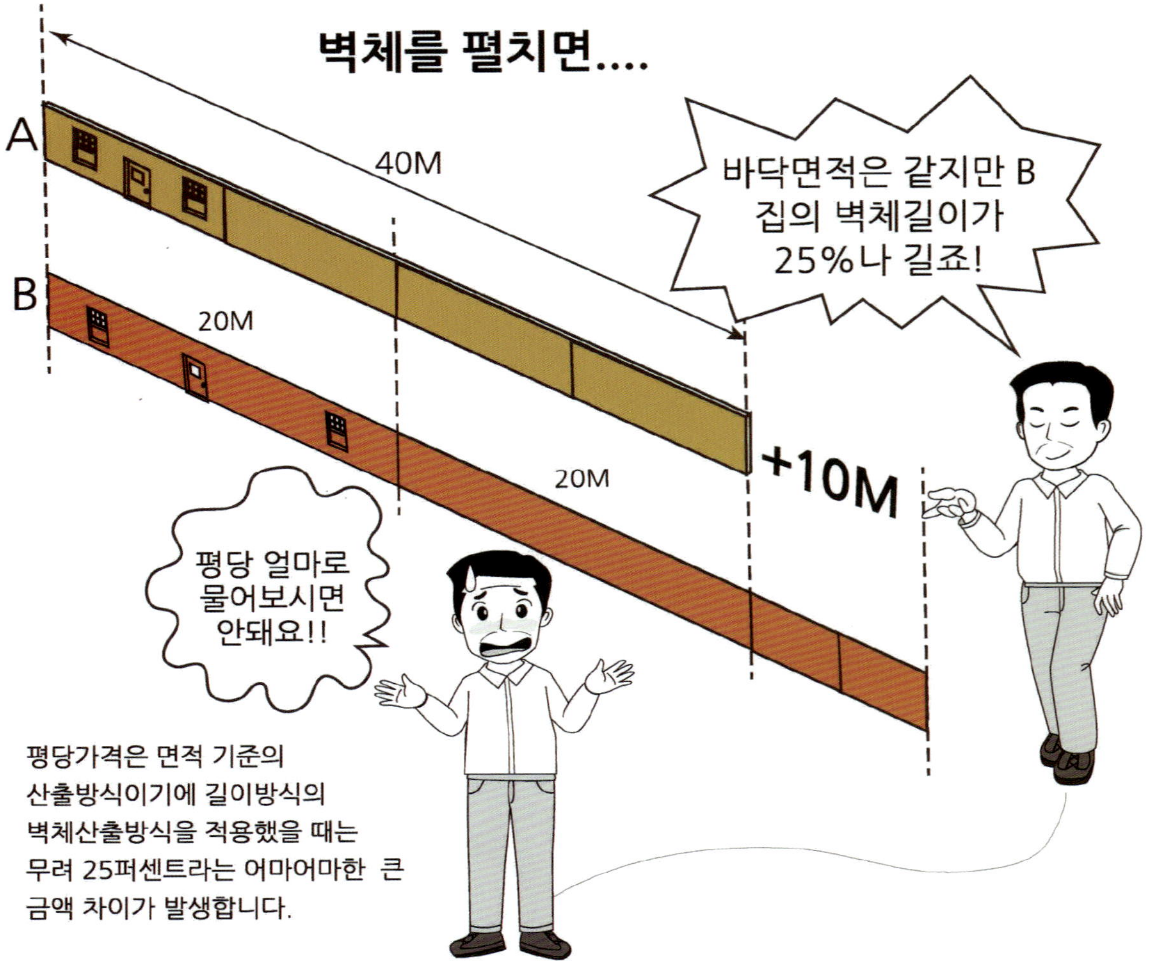

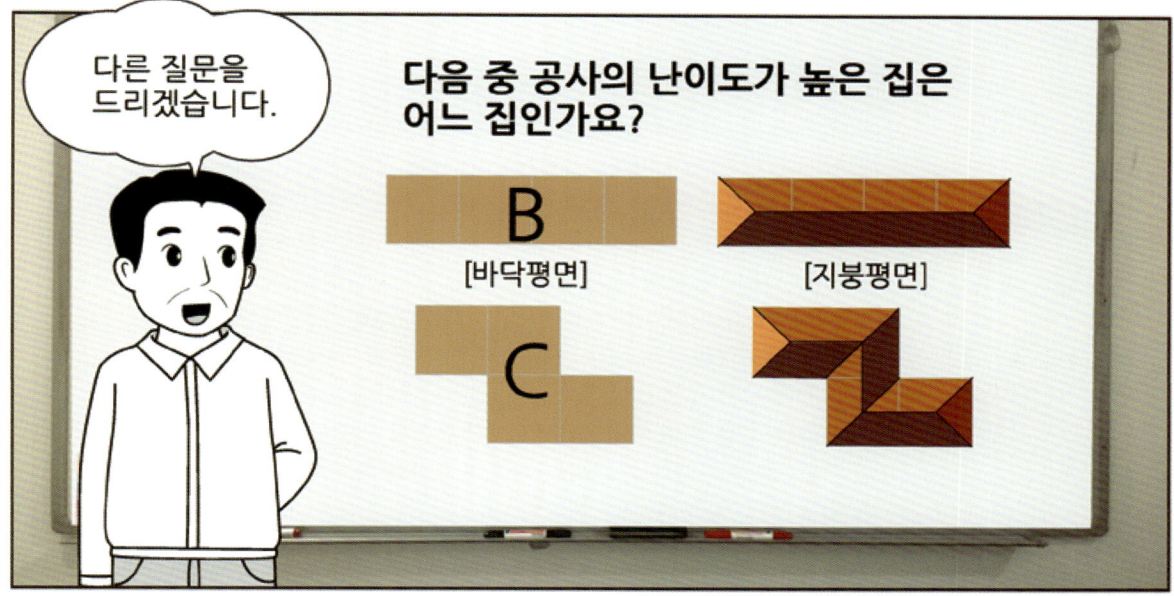

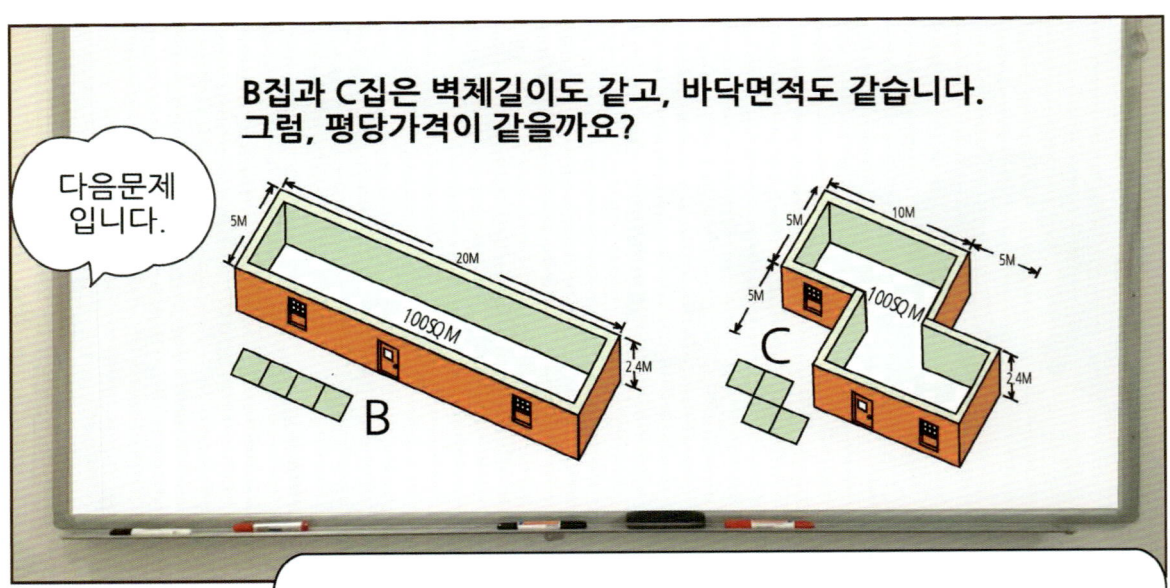

"다음문제입니다."

B집과 C집은 벽체길이도 같고, 바닥면적도 같습니다. 그럼, 평당가격이 같을까요?

B집의 외벽벽체 개수가 4개입니다.
예를 들어, 창문도 없고, 문도 없다고 하겠습니다. 그럼 B집은 벽체 끝부분에서 목재와 합판을 4번 자르고, 4번 버립니다.
반면에, C집은 벽체가 8개 있습니다. 8번 자르고, 8번 버려야 합니다. C집의 지붕은 더 많이 자르고, 버리기에 자재손실도 많고, 공사난이도도 높아 공사기간과 인건비가 상승합니다.
이같이 가격이란 절대 평당으로 쉽게 얘기할 수 없는 것입니다. 더더구나 아파트의 경우는 똑같이 찍어내 만드는데도 층별로 가격이 다르지 않습니까. 그런데 단독주택은 이 세상에 하나 밖에 없고, 우리 가족을 위한 맞춤 집이라는 특수성도 있습니다.
다만, 평당 가격은 콘크리트 기초에서부터 석고보드까지의 공정은 어느 정도 일리가 있는 얘기입니다.

몇 해 전 어느 날

설계자의 오류

"이메일로 도면 보내드릴테니 이번주까지 견적 좀 내주세요"

DESIGN PROCESS

설계 과정

11	39	64	75	102	129	141	149	159
집짓기 계획	자재 탐방	특별한 강의		목조주택 교육	이론 수업	공사 계약	공사 시작	콘크리트 기초

설계사무소에서 맞춤설계를 진행하는 과정을 소개하고, 다락면적에 대한 건축법규 규정과 가족의 디자인 선호도에 대한 갈등을 다루고, 싼 금액에 현혹되기 쉬운 건축주의 모습을 실제 사례를 들어, 소개한다. 설계과정 진행에 대한 내용과 설계자의 어려움 등을 소개하고 있다.

다락허용 면적계산

*산입(算入) : 셈하여 넣음.

건축면적에 *산입되지 않는 다락 규정

건축법 시행령 제119조 (면적 등의 산정방법)
라. 다락 [층고가 1.5미터(경사진 형태의 지붕인 경우에는 1.8미터) 이하인것만 해당한다]

건축면적에 포함되지 않는 다락 규정의 계산식은 밑변은 벽체중심길이를 기준으로 하고 지붕외부마감의 최고점까지를 면적으로 계산(아래설명: 초록색)하고 밑변으로 나누었을 때 결과값이 1.8미터 미만인 경우를 적용합니다.

| 박공지붕 (Gable roof) | 외쪽지붕 (Shed roof) |

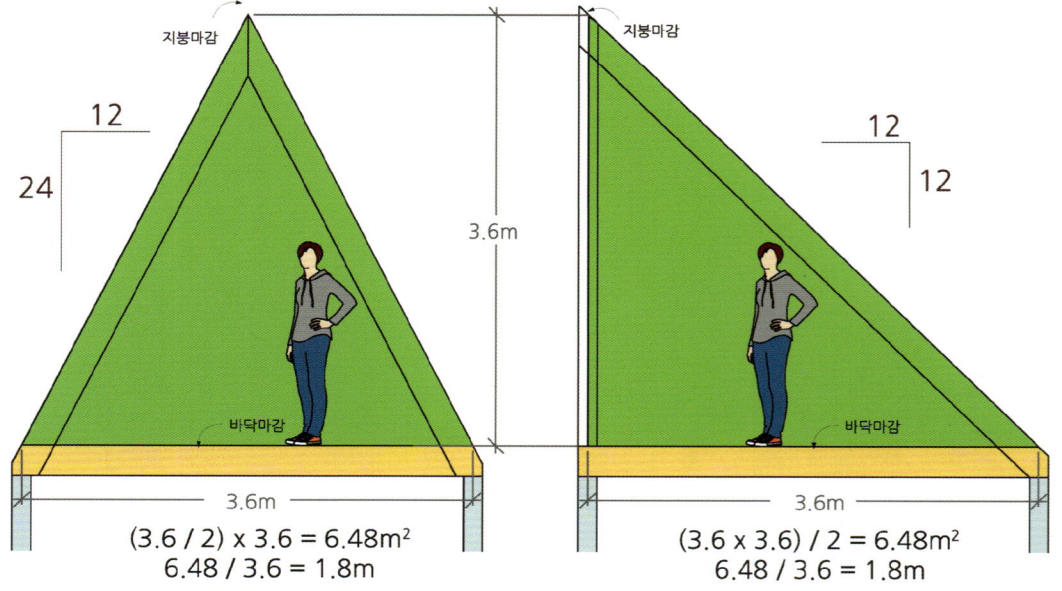

$(3.6 / 2) \times 3.6 = 6.48m^2$
$6.48 / 3.6 = 1.8m$

$(3.6 \times 3.6) / 2 = 6.48m^2$
$6.48 / 3.6 = 1.8m$

[위의 경우를 적용했을 때 박공지붕의 경사가 24/12 미만이고, 외쪽지붕은 12/12 미만인 경우는 다락이 건축면적에 산입되지 않는다.]

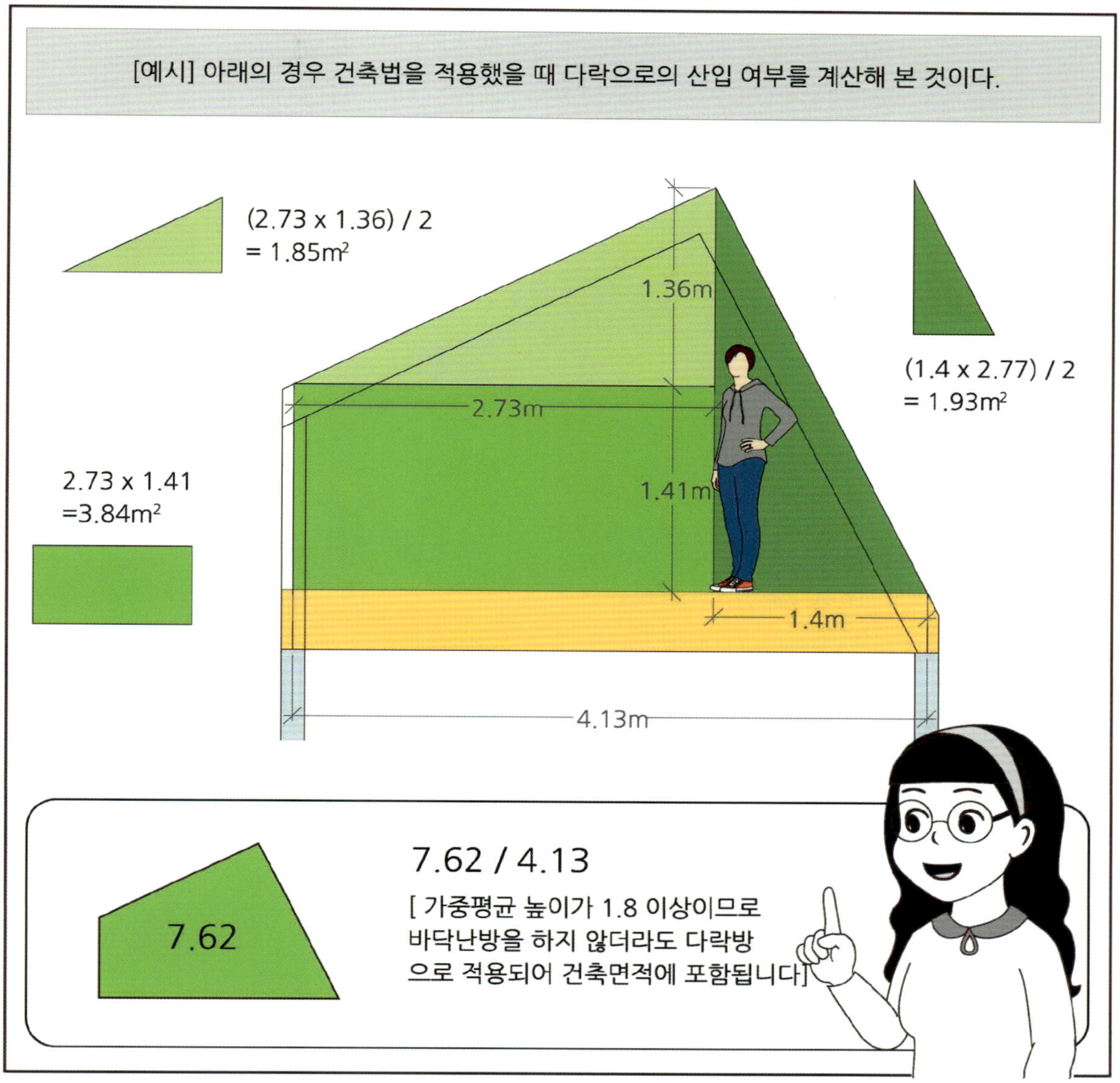

[예시] 아래의 경우 건축법을 적용했을 때 다락으로의 산입 여부를 계산해 본 것이다.

(2.73 x 1.36) / 2 = 1.85m²

1.36m

2.73m

(1.4 x 2.77) / 2 = 1.93m²

2.73 x 1.41 = 3.84m²

1.41m

1.4m

4.13m

7.62

7.62 / 4.13
[가중평균 높이가 1.8 이상이므로 바닥난방을 하지 않더라도 다락방으로 적용되어 건축면적에 포함됩니다]

호호, 그런게 있었어요. 그럼, 진작 얘기하지~

이래서.. 아는 사람과 집짓는 게 아니라고 하나봐요. 죄송해요. 언니~

괜찮아~ 이런 일은 흔해.

 현재 국내에 목구조를 가르치는 대학은 없다는데 그 말은 현재 활동중인 건축설계사무소에서 정식으로 배우지 못한 채 개인의 관심으로 그 지식을 쌓고 있고, 인터넷 정보만으로 설계와 상세도를 그리고 있는데다가 현장도 그런 미흡한 도면으로 집이 지어지고 있다보니 그런 가운데 집은 교보재처럼 쓰이고 있고, 도면을 무시한 채 공사가 진행되면서 건축주의 혼선만 가중되어 판단기준 조차 없는 환경에서 계속 집이 지어진다고 하잖아.

설계에서 준공까지의 진행과정

1. 설계상담과 현장답사

계약 전에 상담을 하고 현장답사를 하며 충분한 대화를 나눈다.

2. 법규검토와 설계계약

법규를 검토한 후 문제가 없을 시 설계계약을 한다.

3. 계획설계와 기본설계

건축주의 요구에 맞게 설계를 하며 인허가에 필요한 기본설계를 준비한다.

4. 구조설계와 실시설계

3층 이상인 경우에는 구조건축사를 통해 구조계산을 한다.
계획설계된 도면을 바탕으로 시공사와 조율하여 실시설계 작업을 한다.

5. 현장공사-감리

도면에 입각한 시공이 이루어졌는지를 확인한다.(30평 이상인 경우는 감리 필수)

6. 인테리어설계

실내 내부의 페인트, 조명, 마루재, 타일, 등 마감재의 인테리어 설계를 한다.

7. 건축행정 심사

준공허가가 날 수 있도록 필요한 서류를 문서화한다.

MEMO

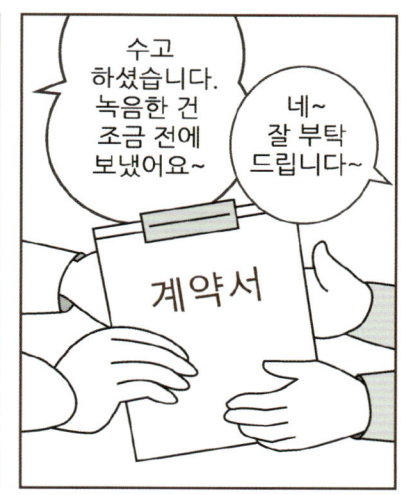

계획설계 진행 순서

계획설계는 집에 대한 가족들의 의견들을 모아 설계에 반영하여 진행하는 것을 말합니다.
 보다 쉽게 설명드리자면, 모래시계 안에 황금시간이 있다고 생각하시면 됩니다.
가족 간에 귀한 시간을 내어 여러의견을 모아 수정하는 과정을 거쳐 하나의 의견으로 집결하여 도면화하는 것입니다.

그런데 계획설계를 진행하다가 이 과정에서 (거의) 완성된 단계에 이르렀는데 지금까지의 의견을 무시하고, 처음단계로 되돌리는 경우에는 비용이 발생하는 것입니다.

계획설계시작   의견조율   계획설계완료   실시설계준비

안 해도 괜찮겠어요. 남편과 애들이 지금도 마음에 들어해요.^^;;

네^^ 알겠습니다. 그럼, 내일 사무실에서 뵙겠습니다.

다음 날

계획설계가 드디어 완성이 되었습니다. 한 번 보세요.

우와~ 그럼 우리집이 이렇게 지어지는 거예요?

*건축주분들은 별로 어려운 작업이 아니니 계약전에 요구하시기 바랍니다.

CLASS

목조주택 교육

11	39	64	75	102	129	141	149	159
집짓기 계획	자재 탐방	특별한 강의	설계 과정	이론 수업	공사 계약	공사 시작	콘크리트 기초

목조주택에서 단위의 중요성과 건축주가 아무것도 몰랐을 때 현장이 얼마나 어려움을 겪는지에 대한 내용을 소개한다. 그리고 건축주의 속마음을 드러내며, 올바른 판단이 좋은 집을 짓는다는 내용을 소개하고 있다. 그리고 해외의 교육 사례와 매뉴얼 하우스에 대한 내용을 질의 응답하는 내용으로 소개하고 있다.

목재길이에 맞는 설계

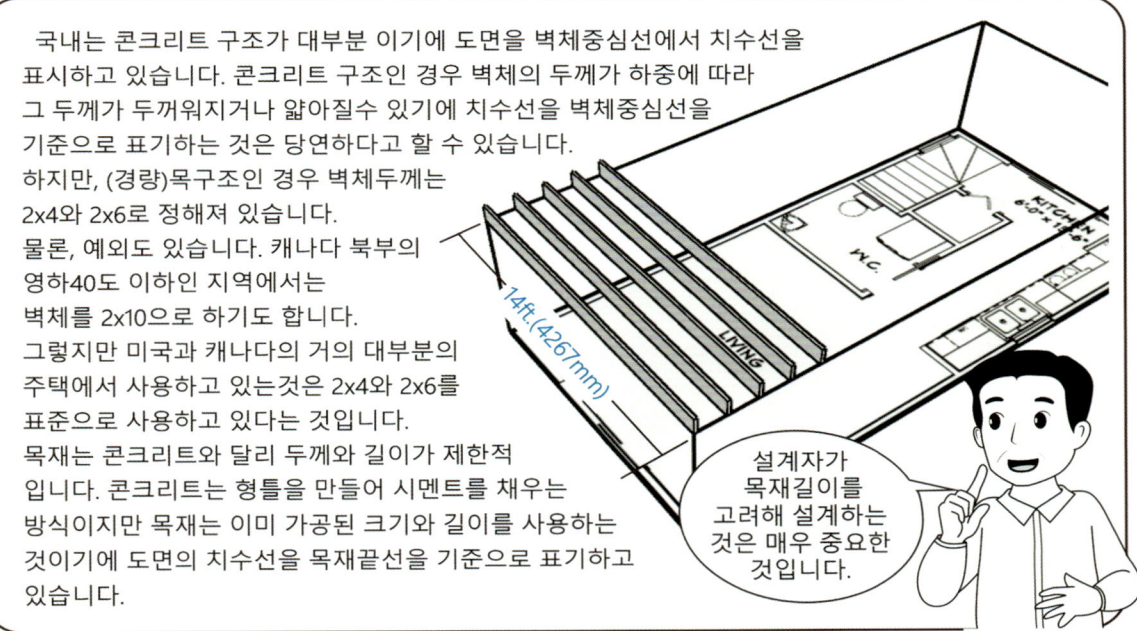

국내는 콘크리트 구조가 대부분 이기에 도면을 벽체중심선에서 치수선을 표시하고 있습니다. 콘크리트 구조인 경우 벽체의 두께가 하중에 따라 그 두께가 두꺼워지거나 얇아질수 있기에 치수선을 벽체중심선을 기준으로 표기하는 것은 당연하다고 할 수 있습니다. 하지만, (경량)목구조인 경우 벽체두께는 2x4와 2x6로 정해져 있습니다. 물론, 예외도 있습니다. 캐나다 북부의 영하40도 이하인 지역에서는 벽체를 2x10으로 하기도 합니다. 그렇지만 미국과 캐나다의 거의 대부분의 주택에서 사용하고 있는것은 2x4와 2x6를 표준으로 사용하고 있다는 것입니다. 목재는 콘크리트와 달리 두께와 길이가 제한적 입니다. 콘크리트는 형틀을 만들어 시멘트를 채우는 방식이지만 목재는 이미 가공된 크기와 길이를 사용하는 것이기에 도면의 치수선을 목재끝선을 기준으로 표기하고 있습니다.

설계자가 목재길이를 고려해 설계하는 것은 매우 중요한 것입니다.

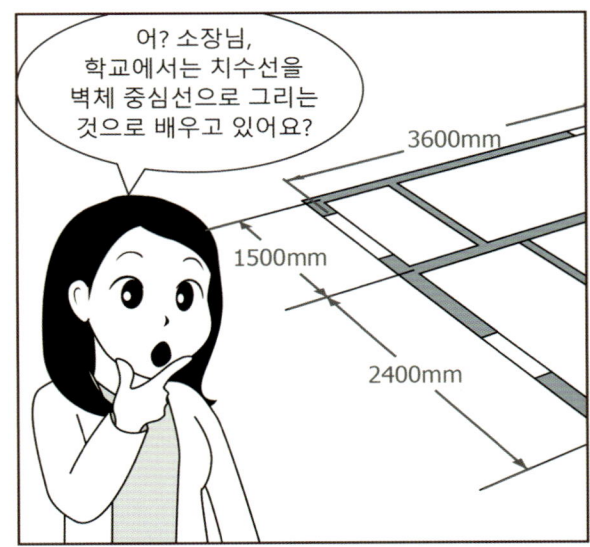

104

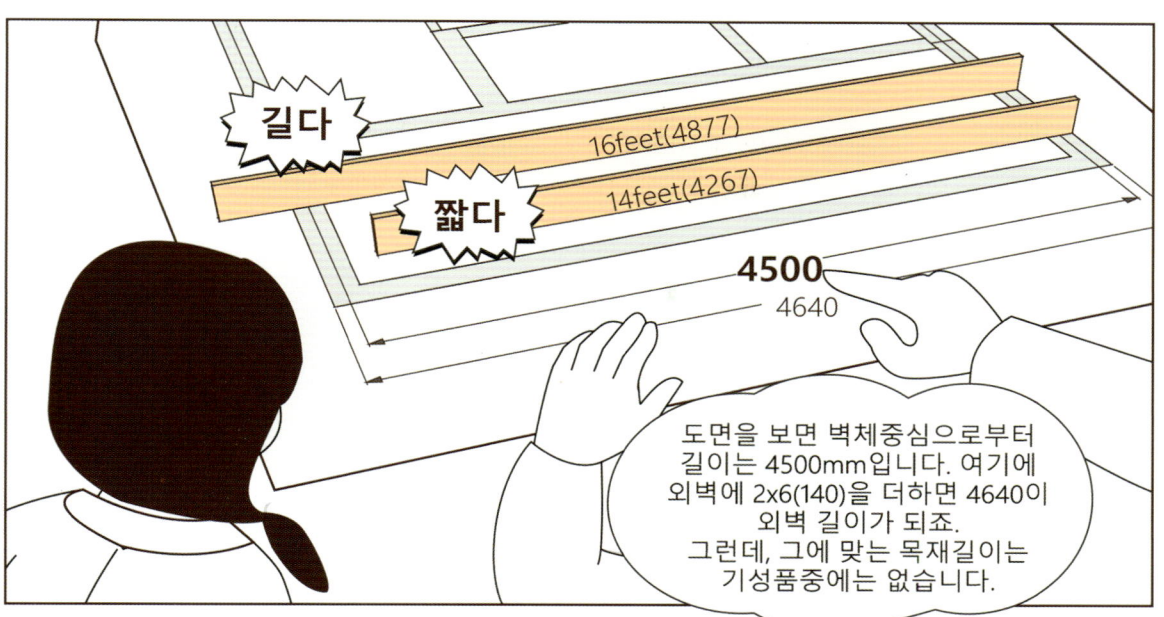

건축자재에 맞는 벽체높이

목조주택에서 '표준'이란 단어는 유일하게 벽체에 사용하고 있는데, 벽체높이를 나타내는 것입니다. 이 높이를 사용했을 경우 목재도 자르지 않고, 합판과 단열재는 물론 석고보드도 자르지 않고 작업할 수 있어 비용을 많이 줄여 경제적이며 작업의 효율도 높이는 가장 대표적인 것이 '표준스터드' 입니다.
 미국에서는 92 5/8"(2353) 높이를 사용하고, 캐나다는 92 1/4"(2343) 높이를 사용하는데 그 개념과 의미는 같습니다.

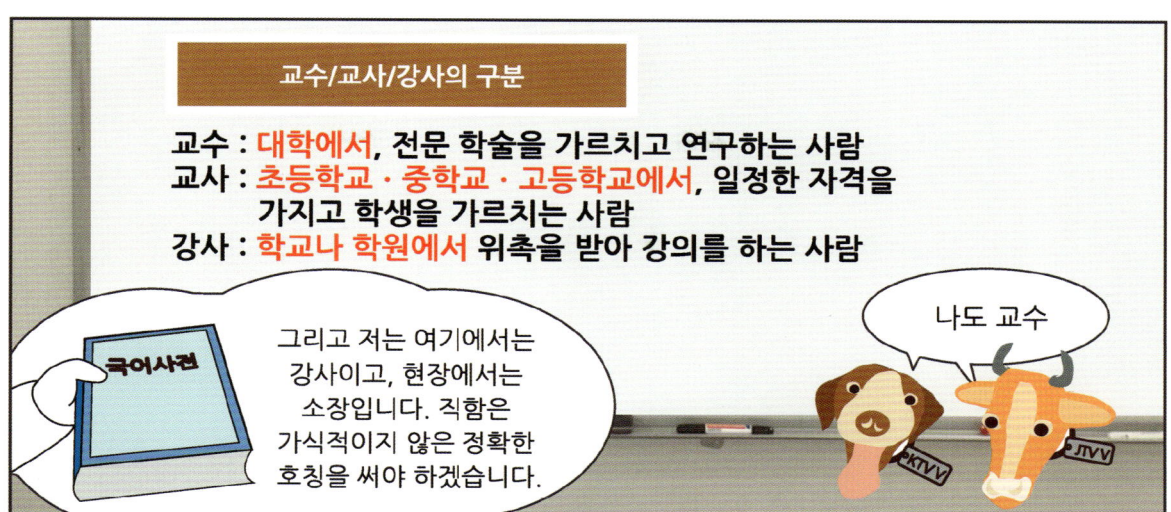

현장교육의 장단점

장 점	단 점
건축자재를 직접 체험	장시간 교육받아야 한다.
공구 직접 체험	교육비가 비싸다.
팀워크 경험 가능	다칠 가능성이 있다.
	교육받으러 온 것인지, 일하러 온 것인지 구분이 잘 안 간다.
	해 본 것만 계속 하게 된다.
	피곤해서 이론이 이해가 안 간다.
	위험한데 올라가서 할 수가 없다.
	규모가 커서 전체를 체험할 수 없다.
	규모가 커서 전체를 이해할 수 없다.
	우천시 교육진행이 불가하다.
	숙식에 불만이 생기게 된다.

현장실습 교육은 사전지식 없이 교육을 들으면 장점보다는 단점의 비중이 클 수밖에 없습니다.

*경험자로서 조언

좋은 교육이네요. 국내에는 이런 교육이 없나요?

당연히 없겠지~

해비타트는 후원을 받고 자원봉사자와 함께 무주택 문제를 해결하고 있고, 옴니아는 집을 지으면서 실용교육을 보급하고, 예일대는 시공사와 대학이 협력하여 교육과 지역사회 발전을 도모하고 있죠. 우리도 이런 교육방식을 도입하여 교육과 부실건축 문제를 해결할 수 있다고 봅니다. 그 방법으로 제가 준비하고 있는 것은 이것입니다.

책을 보고 집을 짓는 주택 "매뉴얼하우스"

현재, 국내에 산적해 있는 문제로는 무주택자 주택보급 문제와 일자리 창출 문제, 귀농귀촌을 하고 싶어도 집이 없어 못하는 문제, 결혼을 하려고 해도 집이 없어 못하고, 그러면서 저출산 문제로 이어지고 있습니다. 교육으로는 건축학과 학생들이 설계 실력을 펼칠 기회도 없고, 실습교육을 체험해 볼 현장도 마련되어 있지 않습니다. 이것을 **"매뉴얼하우스"**로 해결해 보려고 합니다.

매뉴얼 하우스(Manual House)란?

" 책 속의 매뉴얼을 보고 집을 만드는 것입니다."

원시시대부터 시작된 건축은 이론 없이 실무 위주로 시작되었습니다. 많은 시행착오를 하면서 그림과 문자로 그 기술이 이어졌으며 19세기부터 방대해진 이론과 실무가 분리되었습니다. 이론은 대학에서 실무는 현장에서 진행되면서 서로를 이해하거나 존중하지 않은 채 평행선을 지금까지 이어가고 있습니다. 매뉴얼하우스는 책에 실무를 기반으로 한 내용이 소개되고 그 안에서 이론이 뒷받침해줘 결국, 이론이 뒷받침된 실무주택을 책을 보고 경험할 수 있는 것을 말합니다. 이에 뛰어난 건축과 학생들에게 디자인 설계의 기회를 주고 구조, 기능은 전문가의 도움으로 만들어진 책이 **"매뉴얼하우스"**입니다.

"질문 있습니다"

 "매뉴얼 하우스"는 계속 다른 모델들도 나오는지 궁금하구요. 어떻게 학생들에게 기회를 마련하실 것인지도 궁금합니다.

 대학교 건축과 학생들을 대상으로 "매뉴얼하우스" 공모전을 열어 포상도 하고, 당선된 작품은 학생의 이름으로 주택이름을 지으려고 합니다.
그리고 그 집을 책 또는 이북(e-Book)으로도 출간하여 보급할 예정입니다.
학생입장에서는 본인이 디자인한 주택이 지어진 것을 보았을 때 큰 자부심을 갖고 더 열심히 하리라 봅니다. 우리 사회는 뛰어난 실력을 갖춘 학생에게 기회를 주고 성장할수 있도록 기회를 마련해 줘야 합니다.
가까운 일본의 구마겐코 건축가가 세계적인 건축갈로 성장할 수 있었던 배경도 이와 비슷합니다. 그러한 기회를 매뉴얼하우스로 만들어 보려는 것입니다.

 최 소장님은 남는게 별로 없을 것 같은데... 최 소장님은 "매뉴얼 하우스" 책이 나오면 어떤 이득이 있나요?

 책을 판매해 벌어들인 수익과 공모전을 통해 모금한 금액은 포상금과 당선된 모델을 책으로 만드는 과정중에 들어가는 비용으로 쓰일 것입니다.
만일, 비용이 부족하다면 제가 열심히 강의하고, 공사를 해서라도 자금을 만들어 봐야겠죠. 그래도 여의치 않으면 다음해로 미루어 질것이구요.

 주변에 협회나 여타 기관에서 도움을 받아서 하면 더 좋지 않을까요?

 만일, 후원을 받아 그 시스템이 움직인다면 후원이 중단될 때 그 활동도 중단 되겠죠. 이러한 시스템은 곳곳에서 볼수가 있습니다. 이 시스템은 주변의 도움을 받지않고, 이루어져야 그 의미가 퇴색되지 않고, 오염된 생각으로 얼룩지지 않고, 오래 유지가 될 것이라 생각합니다.

 "매뉴얼 하우스"는 책보고 집을 짓는 거니까, 인건비만 줄이는 건가요?

 그렇지는 않습니다. 책에 있는 '재단리스트(Cutting List)'에 있는 대로만 자르기 때문에 자재손실을 줄여 비용도 절감하고, 도면도 무료제공하고 있으니 설계비용도 줄인 것이라 할 수 있겠죠.

 그럼, 인허가 비용만 추가로 더 들고, 더 이상 비용이 들지는 않나요?

 그렇지는 않습니다. 그외에도 세금과 차량 운송비, 장비 사용료, 중장비(지게차, 펌프카, 크레인) 등의 비용과 숙식 비용이 더 들 것입니다.

 매뉴얼 하우스가 지어진 곳이 있나요? 모델하우스가 있으면 가서 보고 싶은데요.

 모델하우스가 있습니다. 위치는 경기 용인에 있습니다. 현재는 제가 사무실과 교육장으로 사용하고 있습니다.
주소: (신) 경기도 용인시 기흥구 용구대로 2427-1 (주)홈우드 내
     (구) 경기도 용인시 기흥구 마북동 502-144 (주)홈우드 내

 공구를 사려면 비용도 많이 들고, 공구를 써 본 적도 없는데 어떻게 책만보고 집을 짓는단 말이요?

 공구를 구입하는 방법이 있고, 공구렌트점에서 빌리는 방법도 있습니다. 공구를 어떻게 사용하는 것인지에 대해서는 매뉴얼하우스 책이 출시되기 이전에 유튜브에 올릴 예정입니다.

 경기도 용인까지 오기에는 거리가 너무 먼데 지방에서 배울 기회는 없는 건가요?

 자재회사와 협력하여 경북 김천과 전북 전주에서 정기적으로 강의를 진행 할 수 있도록 하겠습니다. 홈페이지나 제 블로그를 통해 확인하시면 되겠습니다.

| 최현기의 목조건축학교 | 검색 | | 홈우드 아카데미 | 검색 |

 **집은 혼자서는 절대 지을 수 없고, 잡아주는 사람이라도 필요한데, 그것을 지원해 주진 않나요?**

 집은 혼자 짓기는 불가능합니다. 가족과 함께 짓는 것을 희망합니다. 하지만 그것이 여의치 않다면 용인과 김천, 전주 교육에 오신 분들의 동의를 얻어 연락처를 공유할 것입니다. 그분들이 같은 생각으로 교육에 참여한 분들이라 그분들과 함께 하면 좋을 것이라 봅니다.

그래서 매뉴얼하우스 책이 나오는 시점으로 홈페이지에 매뉴얼하우스 1호가 지어지는 곳을 소개할 것입니다. 그곳에 방문해서 일도 도와주고, 기술도 배우는 계기가 되었으면 합니다. 또한, 남는 자재는 다음집을 지을 분들에게 저렴하게 판매할수 있도록 장터도 마련해서 운영할 계획입니다.

 **일종의 '품앗이' 같은 거라 생각하면 되는 건가요?**

 옛날에는 한끼식사를 걱정하며 살때가 있었습니다. 이때, 집짓는 곳에 가서 힘든 일을 도와주고, 식사를 제공 받기도 했죠. 지금이 그런 시대는 아닙니다. 그래서, 매뉴얼하우스가 진행될 때 도와주는 분들에게 급여를 지불해야 한다고 생각합니다. 그래야만 일을 하는데 체계가 잡힙니다. 이것은 앞으로 정리하여 홈페이지에 올릴 것이고, 수정 보완하는 과정을 거칠것입니다.

 **어려운 공정은 좀 맡기고, 쉽고 안전한 작업은 직접하고 싶은데, 어디에 신뢰할 만한 곳을 소개 좀 해주셨으면 합니다.**

 제가 있는 작업장에서 말씀하신 작업이 모두 가능합니다. 직접 하기 어려운 공정은 대표적으로 콘크리트기초와 골조 공정입니다. 그것을 마스터빌더 팀이 (유료)작업해 드리고 나머지는 교육을 받고 하시면 가능합니다.

 **결국은 책 팔고, 공사 따내려고 하는거 아닙니까? 교육생도 모으고, 공사도 남들은 못 믿으니 나한테 맡겨 달라는 얘기처럼 들리는데요?**

 당연히 그렇게 생각할 수 있고, 그말이 틀리지 않습니다. 책을 팔려고 하는 것도 맞습니다. 제가 좋은 일을 한다고 누가 선뜻 그냥 돈을 주는 그런 세상은 아니지 않습니까? 그러니 책도 팔고, 교육도 하고 공사도해서 그 돈으로 더 좋은 일을 해 보려고 합니다.

"전셋돈으로 내집을 마련할 수 있다", "1억원으로 집 지을 수 있다" 등 여러 얘기가 있었지만, 실상은 그렇지 못했습니다. 이것도 그런건 아닌가요?

 남을 속여야 먹고사는 세상이니 그렇게 생각할 수 있습니다. 이미 우리가 살고 있는 세상은 진실된 말이 통하지 않는 사회라는 것을 건축현장에서 많이 경험해 왔습니다. 좋은 댓글이 쓰여지도록 유도하지도 않을 것이며 앞으로 이 집을 짓는 분들의 사례를 보고 직접 방문하여 그분들의 경험한 사례를 참고하시는 것이 좋을 것 같습니다. 그리고 저 역시 부족한 부분은 책과 시스템에서 개선하도록 노력하겠습니다.

땅도 없고, 지식도 경험도 없는데다가 솔직히 이것을 배울만한 시간도 없는데, 어떻게 집을 책만 보고 짓는단 말인가요?

지금까지 질문 중에서 말씀하신 질문이 가장 현실적인 질문이라 생각합니다. 하지만 가능합니다.
그것을 국가에서 좋은 뜻으로 관심갖고 시작한다면 더 빠른 시일 내로 가능하겠죠. 먼저, 집 지을 땅은 국가에서 임대해 주는 것입니다.
그리고 거기에 지을 자재비는 건축주가 구입하는 것입니다.
그 다음 인건비는 국비로 지원되고 있는 교육을 현장에서 실시하여 이론교육을 마치고 바로 현장에 투입해 실습교육을 하며 완성하는 과정을 거치면 가능합니다.
 이것은 이미 핀란드의 옴니아 직업학교에서 소유하고 있는 부지에 집을 지어 분양하고 있는 사례이기도 합니다.

그래도 왠지 집짓다가 실수하면 자재비가 더 들 것 같은데, 집짓기 전에 연습해 볼 방법은 없을까요?

가능합니다. 실제와 똑같은 목재와 합판을 축소해서 만든 모형으로 현장을 경험해 볼 수 있습니다. 1/16 축척으로 제작된 줄자로 표시하고, 톱 대신 칼로 재단하고, 못 대신 접착제를 사용하면, 현장과 똑같은 경험을 할 수가 있습니다.
제가 목조주택을 처음 입물할 때 현장경험이 전혀 없는 상태에서 이와같은 방식으로 공부를 하고 현장에 갔었는데 다른 작업자들이 제가 다른 현장에서 일을 하고 온 경력자로 착각할 만큼 좋은 교육방법이란걸 알았습니다.
이와같은 방식으로 지식 습득하는 것이 크게 도움이 된 것을 알고,
2014년에는 단국대학교에서 이와 같은 방식으로 교육도하고, 학생들과 함께 교내에 목조주택을 실제로 지어 보기도 하였습니다.
종강을하고, 회식을 하는 자리에서 많은 학생들이 이렇게 얘기 하더군요.
"태어나서 지금까지 배운 교육중에 최고의 교육이였다."라구요. 그래서, 이 교육을 예일대에서도 하고 있는 것입니다. 그러니, 이 교육방식을 포기할 수가 없는 것입니다.

2015년 여름에 대국대 산림자원학과 학생들과 진행한 데크 교육입니다.

THEORY CLASS

이론 수업

11	39	64	75	102	129	141	149	159
집짓기 계획	자재 탐방	특별한 강의	설계 과정	목조주택 교육		공사 계약	공사 시작	콘크리트 기초

건축주 직영방식의 공사내용을 소개하고, 경량목구조 주택의 목재가 만들어지게 된 배경과 어떤 구조로 이루어졌는지에 대한 내용을 소개하고 있다. 표준스터드의 높이가 왜 중요한지 소개하고 있고, 공사 진행 순서에 대해 소개한다.

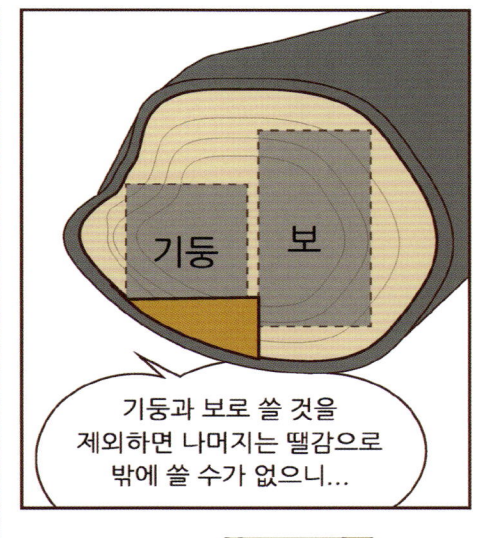

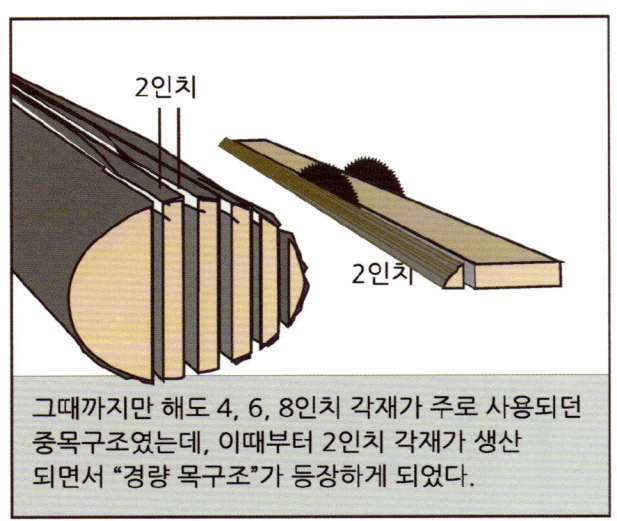

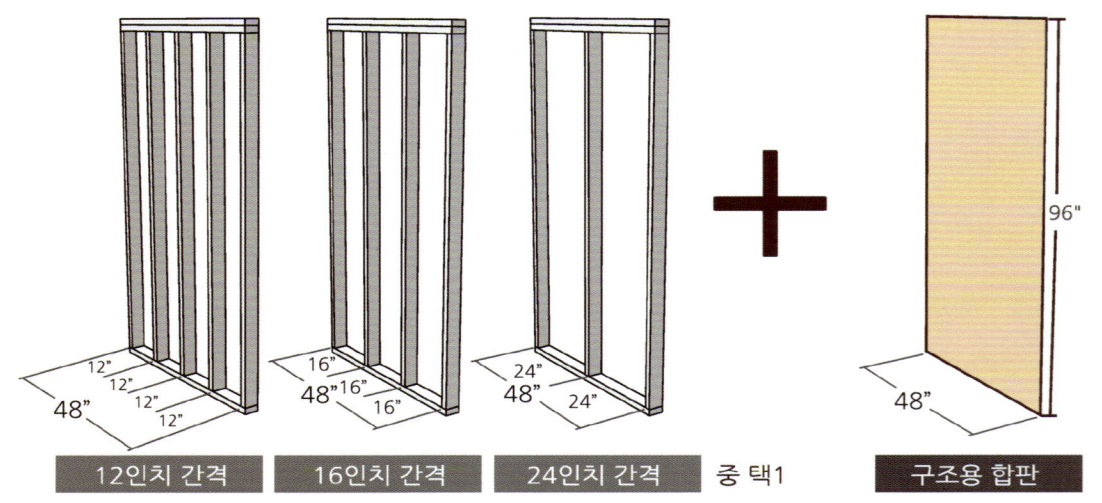

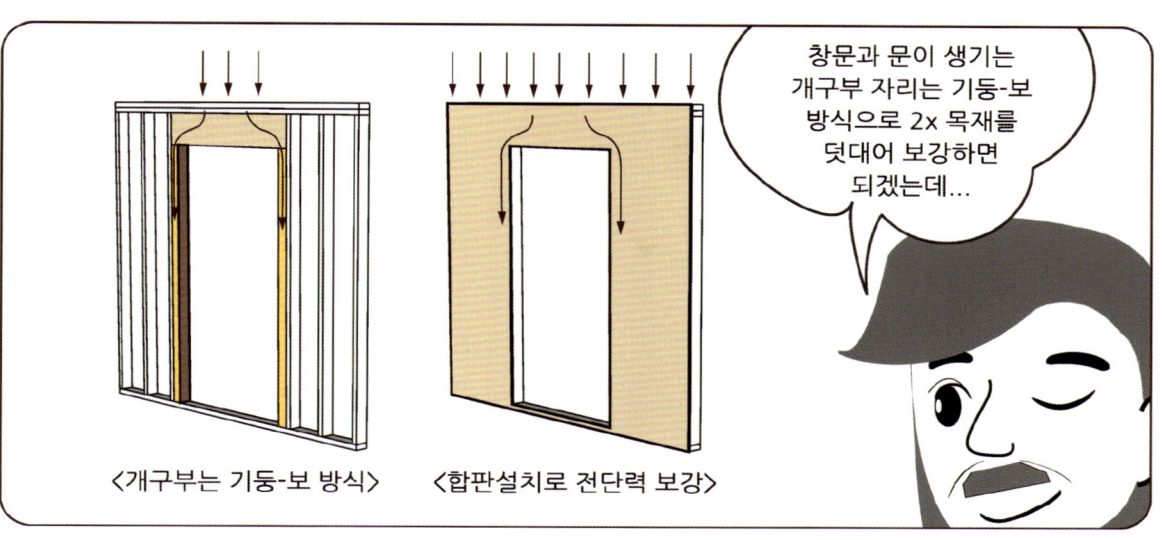

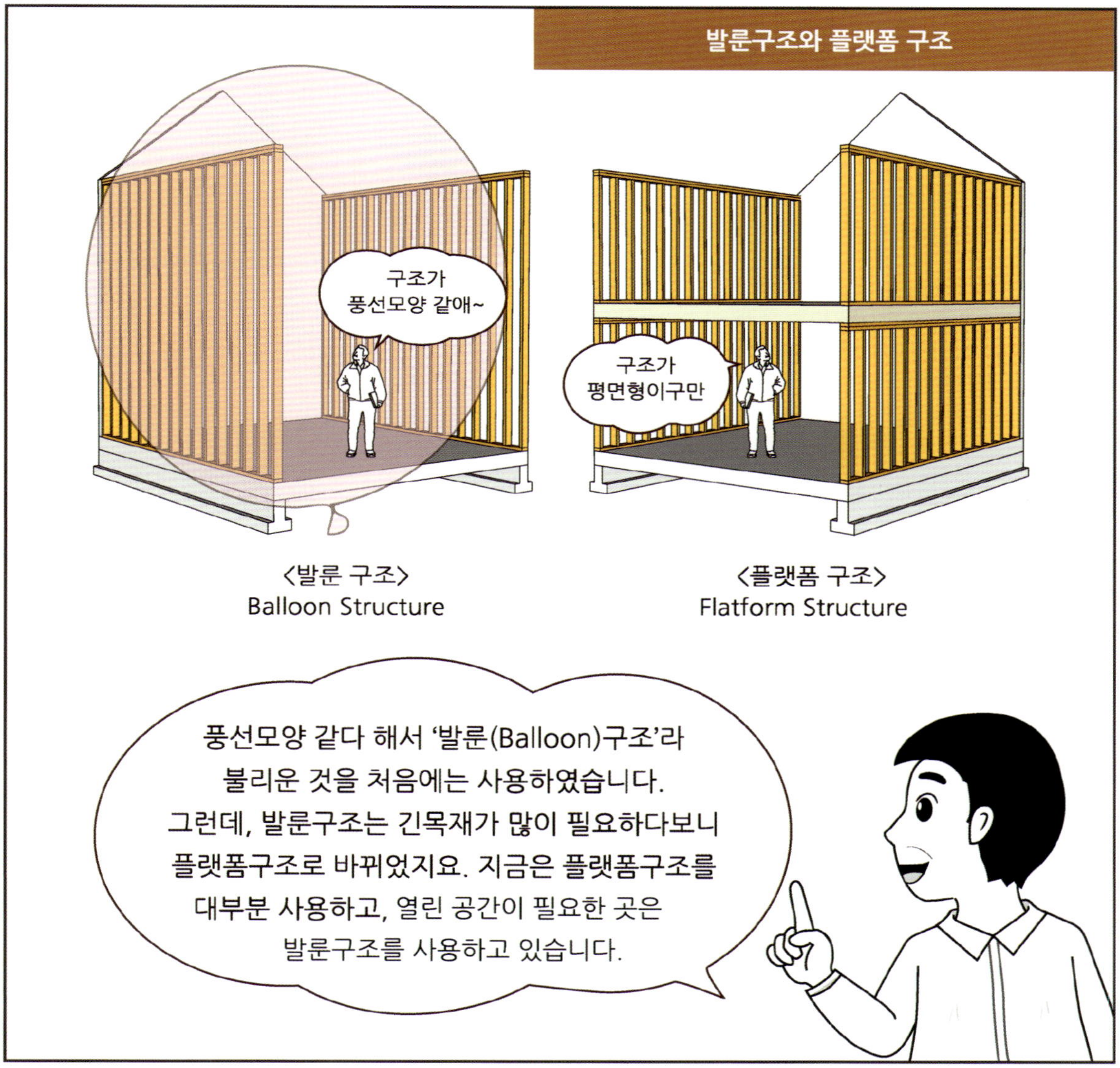

표준스터드

> ## 목구조를 모르는 설계

콘크리트구조에서 많이 사용하는 설계방법 입니다.

콘크리트구조는 층고를 높게 하고 천장에 2X2각재 작업을 한 다음에 석고보드를 설치하는 방법을 사용하고 있는데, 이 방법을 목조주택에 적용한 것입니다.

목구조를 전혀 모르는 설계자가 설계한 것입니다.

> ## 목조주택을 이렇게 했을 때 단점

- 실내 내부공간은 표준스터드를 사용 했을 때와 같기에 비효율적입니다.
- 인건비는 표준스터드보다 2.5~3배의 비용이 더 듭니다.
- 자재비 상승과 공사기간이 길어집니다.
- 사용하지 못하는 천장고가 높아졌기에 더 많은 난방을 해야만 합니다.
- 석고보드를 타카로 작업할 가능성이 높습니다.(부실시공)
- 석고보드가 구조재에 직접 결속되는 것이 아니므로 전단력이 상대적으로 떨어집니다.

> ## 장점은 없나요?

- 전기/설비작업이 쉽습니다.
- 설계자가 목조주택의 구조를 모르고도 어느 정도 설계가 가능합니다.

기초에서 마감까지 공사공정 순서

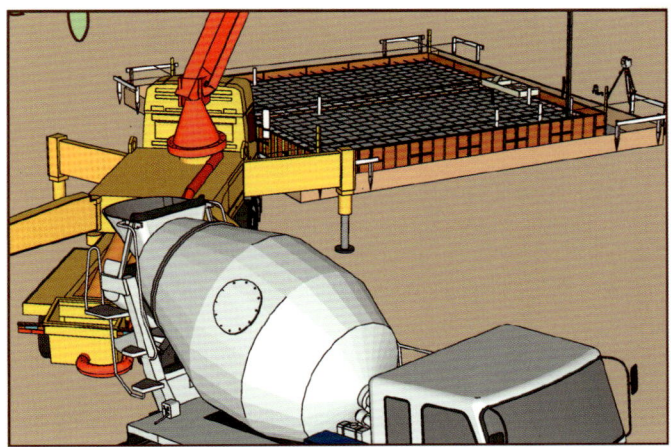

1. 토목/콘크리트 기초공사

- 경계측량
- 터파기
- 땅다짐 & 내부설비작업
- 잡석작업 & 철근작업
- 콘크리트 타설 & 앵커볼트설치

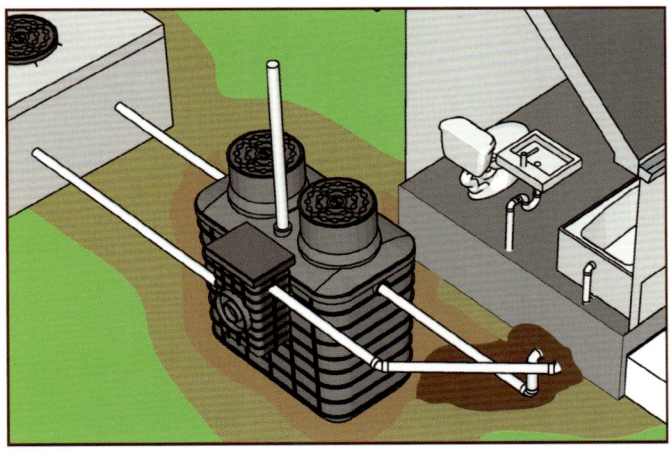

2. 외부 설비 공사

- 거푸집제거
- 외부설비 터파기
- 정화조 설치
- 오수관&잡배수관&우수관 설치

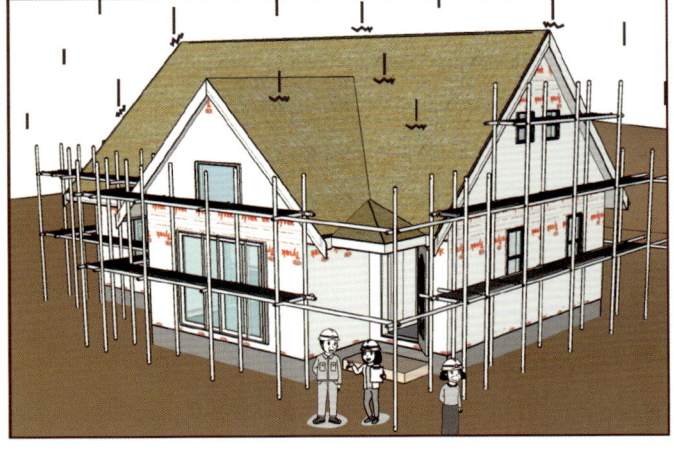

3. 골조공사

- 토대작업
- 벽체 작업
- 바닥장선 작업
- 서까래 작업
- 하우스랩 설치

4. 창문/현관문설치

- 창문설치
- 빌딩테이프 설치
- 현관문&외부문 설치

5. 지붕마감공사

- 처마 후레슁 설치
- 지붕시트&펠트지 설치
- 마감재 설치
- 지붕벤트 설치
- 처마물홈통 설치

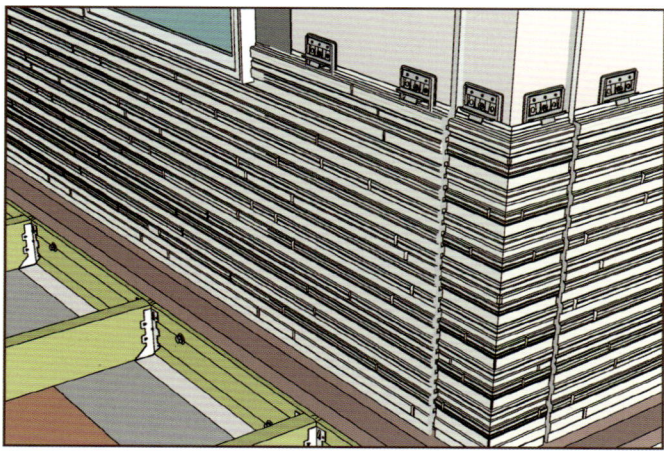

6. 외벽마감공사

- 스터드 표시(스타코/파벽돌 제외)
- 코너 마감재 설치
- 관련부속 설치
- 마감재 설치

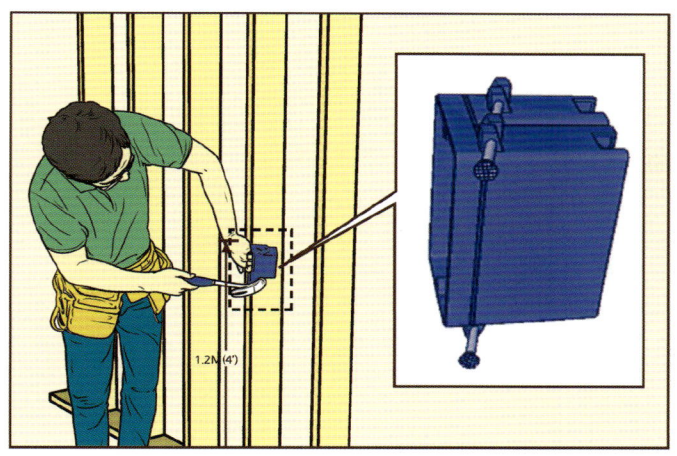

7. 전기공사

- 벽체&장선 타공작업
- 배선작업
- 스위치&콘센트 박스 작업

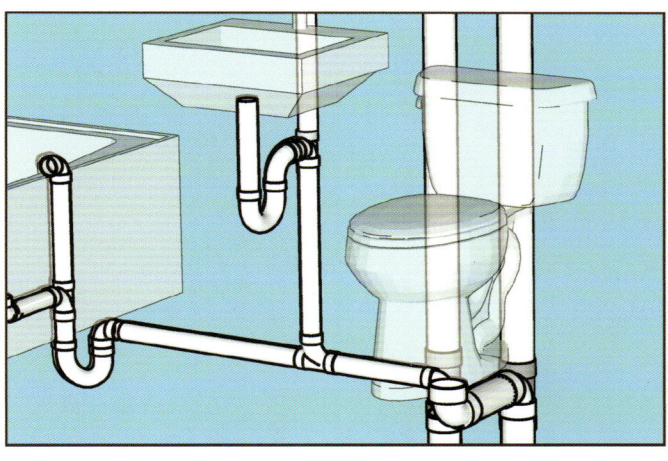

8. 실내 설비공사

- 벽체&장선 타공작업
- 배관작업
- 바닥난방작업 & 몰탈작업
- 보일러설치

9. 단열공사

- 서까래 벤트 작업
- 창문&문 틈새 단열 작업
- 스위치박스 뒤 단열폼작업
- 외기와 접하는면 단열작업
- 단열테이프 작업

10. 석고보드공사

- 천장, 벽체 설치
- 창, 문 부위 잘라내기
- 욕실 시멘트보드 설치하기

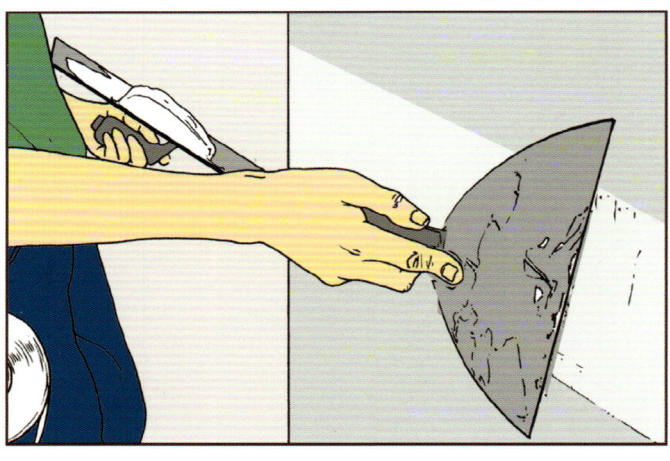

11. 퍼티 & 페인트공사

- 모서리 비드 설치
- 퍼티 3회 작업
- 샌딩작업
- 페인트 작업

12. 욕실도기공사

- 욕실 방수 작업
- 벽, 바닥타일 작업
- 양벽기 세면기 설치
- 수전 설치
- 코킹 작업

13. 조명공사

- 외부 인입배선 작업
- 피뢰침 작업
- 실내&실외 조명설치
- 스위치&콘센트 설치

14. 내부 마감공사

> 실내문 설치
> 계단 마감 작업
> 바닥마감 작업
> 걸레받이 몰딩 설치
> 가구 설치

15. 데크공사

- 터파기
- 콘크리트&주춧돌 설치
- 기둥/보/장선/데킹 설치
- 계단설치
- 난간 설치
> 페인트 작업

CONTRACT

공사 계약

11	39	64	75	102	129	141	149	159
집짓기 계획	자재 탐방	특별한 강의	설계 과정	목조주택 교육	이론 수업		공사 시작	콘크리트 기초

공사계약을 하는 과정과 건축주 직영공사를 할 때 점검해야 하는 내용을 소개하고 있다.

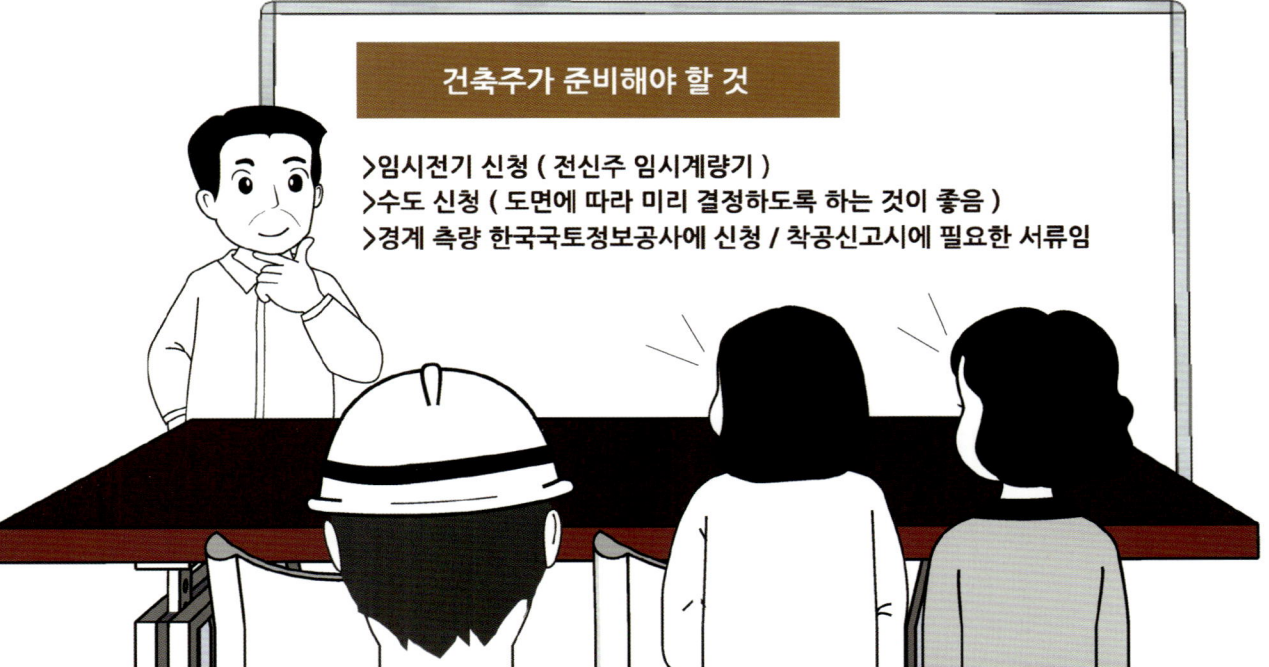

START CONSTRUCTION

공사 시작

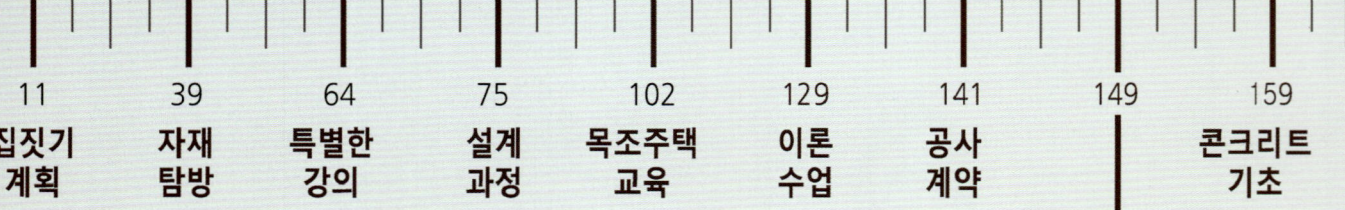

11	39	64	75	102	129	141	149	159
집짓기 계획	자재 탐방	특별한 강의	설계 과정	목조주택 교육	이론 수업	공사 계약		콘크리트 기초

패널라이징 공사를 소개하고 그에 따른 장점과 현장에서 발생하는 문제점을 실제 사례로 소개한다. 건축예정지에 무단경작했을 때 내용과 해결책을 소개한다.

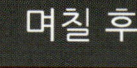
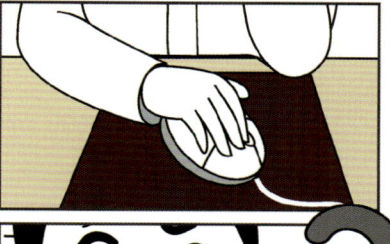

Panelising System

패널라이징 시스템

　　패널라이징(Panelising)공법은 현장에서 조립하는 스틱프레임(Stick frame)공법보다 완성도가 높습니다. 스틱프레임은 자주 바뀌는 현장 빌더의 실력을 가늠하기가 어렵고, 궂은 날씨에도 작업해야 하는 환경에서 균일한 품질을 기대하기가 어렵기 때문입니다.

　　그래서 미국과 캐나다는 작업환경을 실내로 옮겨 작업자가 좋은 환경에서 좋은 품질을 만들 수 있도록 하고 있고, 이에 대한 책임을 회사가 짐으로써 소비자에게 신뢰를 받고 있습니다.

　　현재, 미국과 캐나다의 패널라이징 시스템은 목조주택 시장의 80~90% 정도를 차지할 정도로 높습니다. 그리고 현장환경에 맞게 수정 작업하는 것이 아니고, 도면의 수치를 중시해 작업하므로 그 완성도가 더 높다 하겠습니다.

건축예정지 무단 경작금지

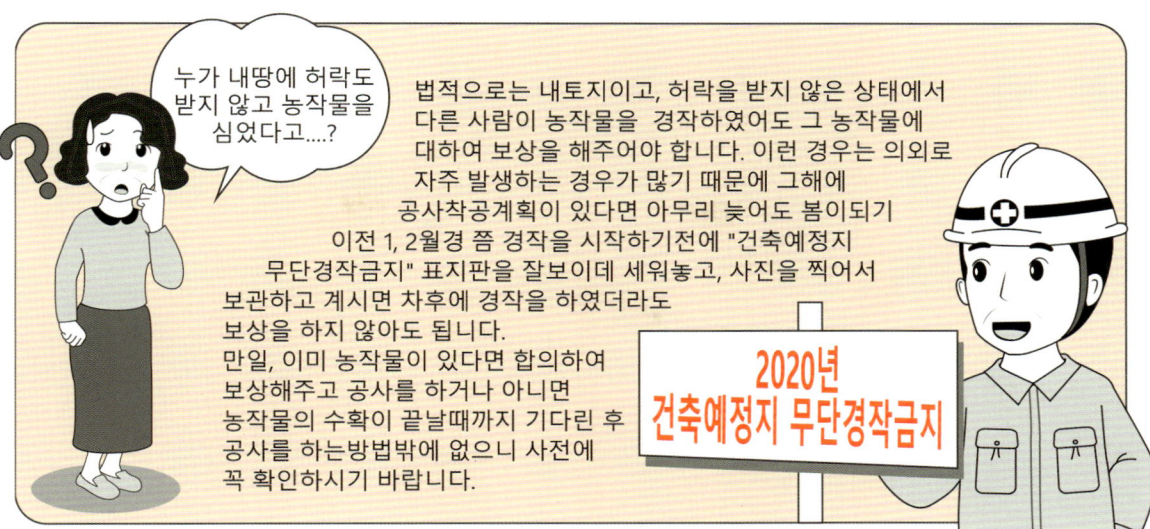

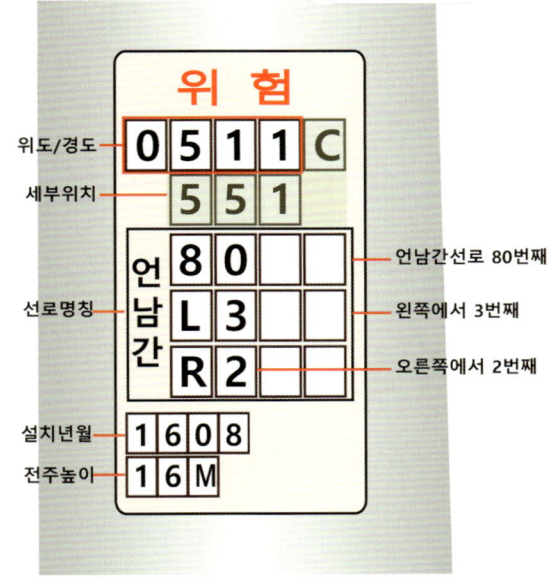
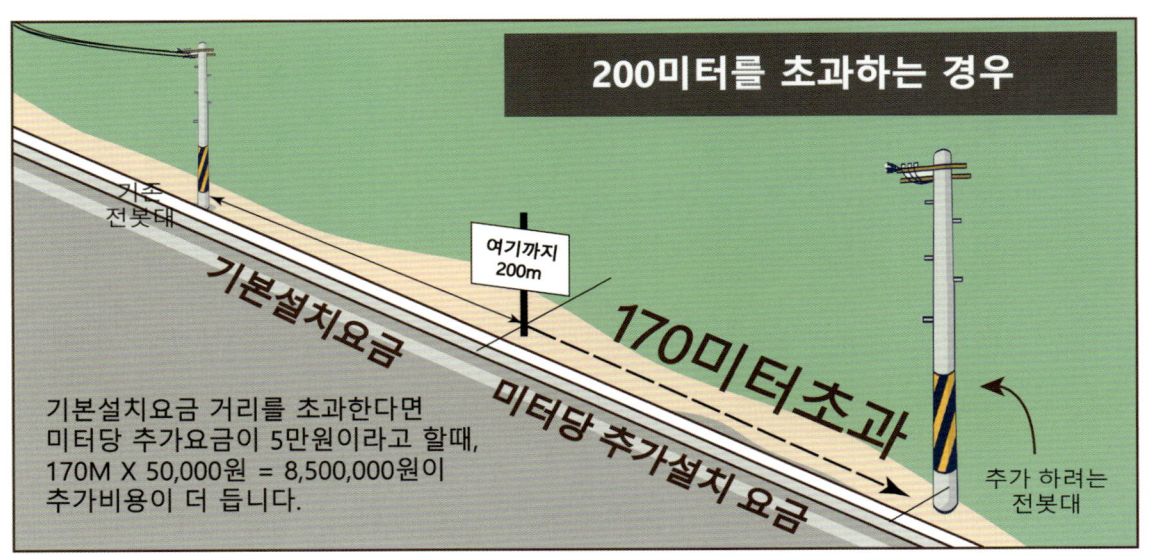

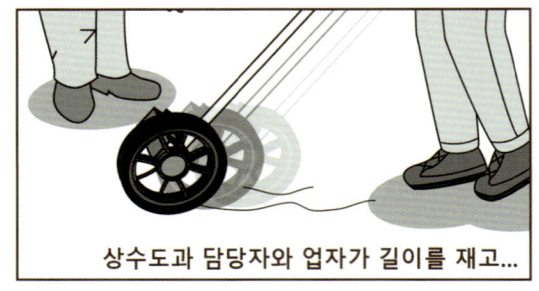

CONCRETE FOUNDATION

콘크리트 기초

11	39	64	75	102	129	141	149	159
집짓기 계획	자재 탐방	특별한 강의	설계 과정	목조주택 교육	이론 수업	공사 계약	공사 시작	

콘크리트 기초 작업을 위한 규준틀 작업과 모세관 현상, 설비배관의 유의사항, 슬럼프 테스트 기초, 수평작업, 그리고 우수관과 유공관에 대해 소개한다. 외부설비작업을 위한 정화조와 집수정에 대해 소개한다.

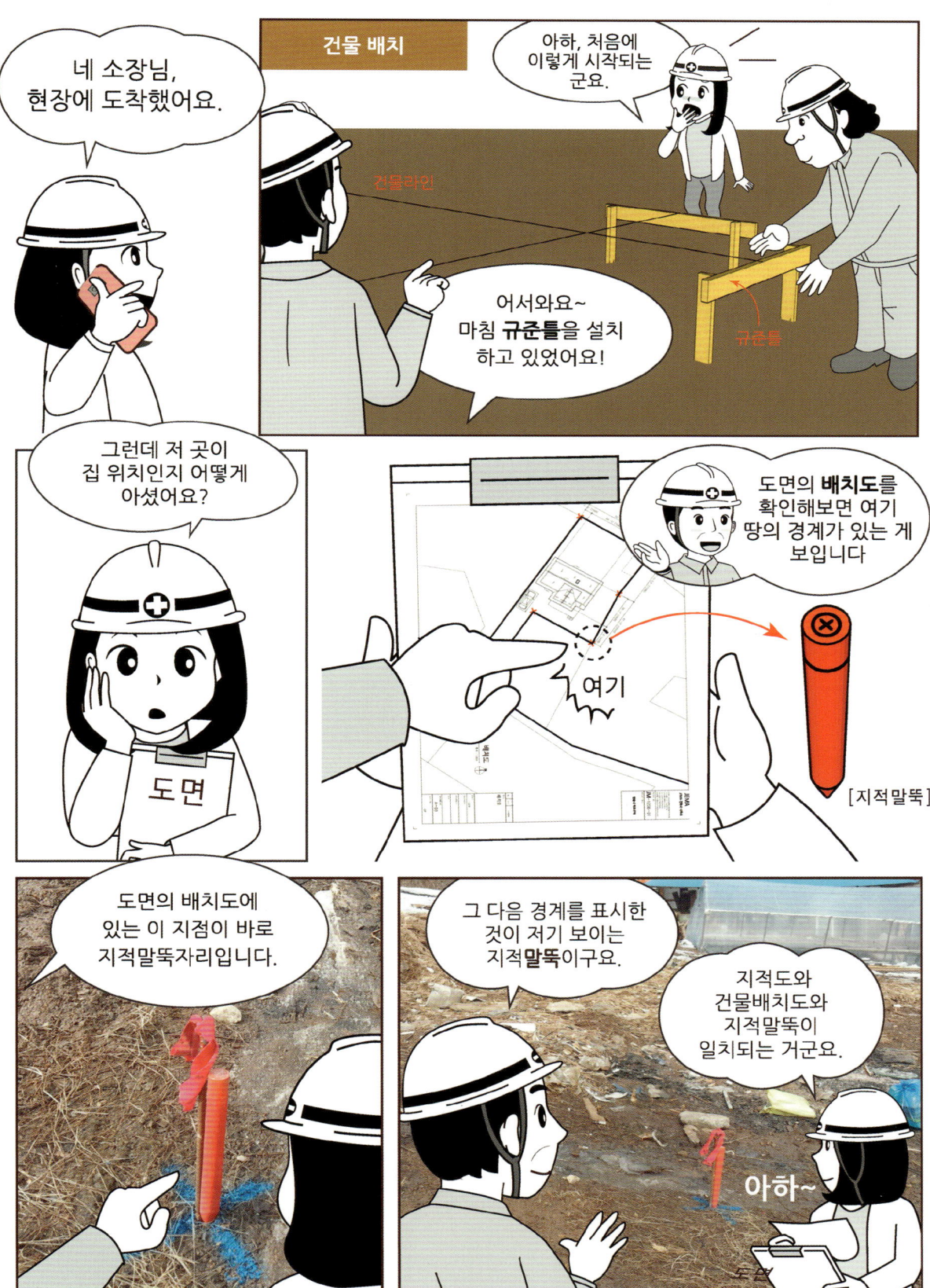

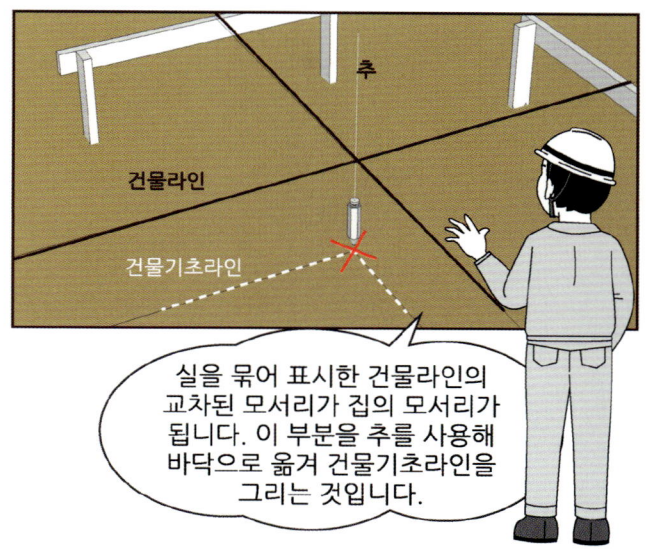

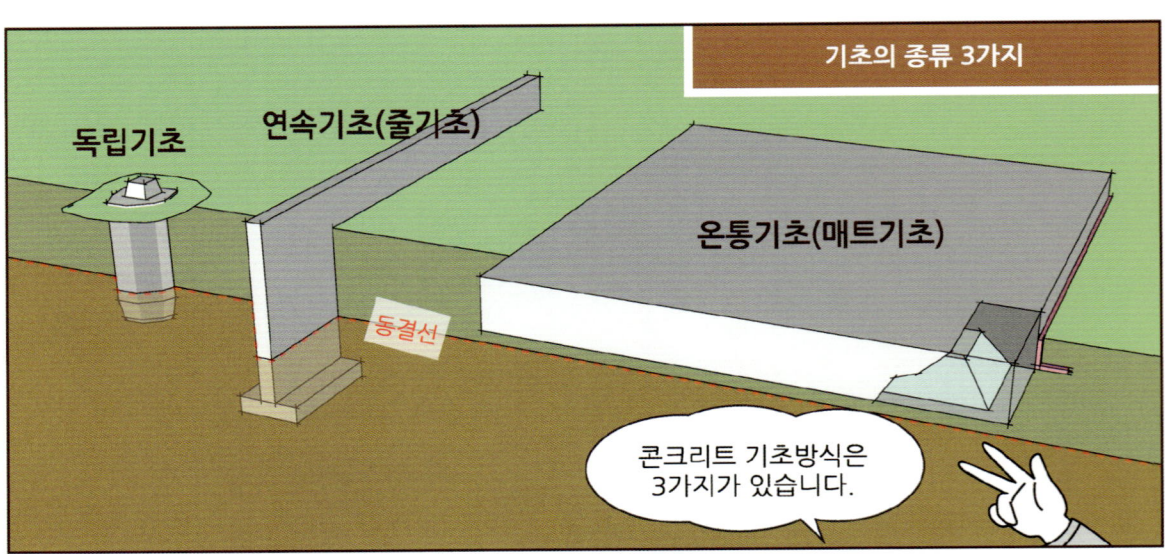

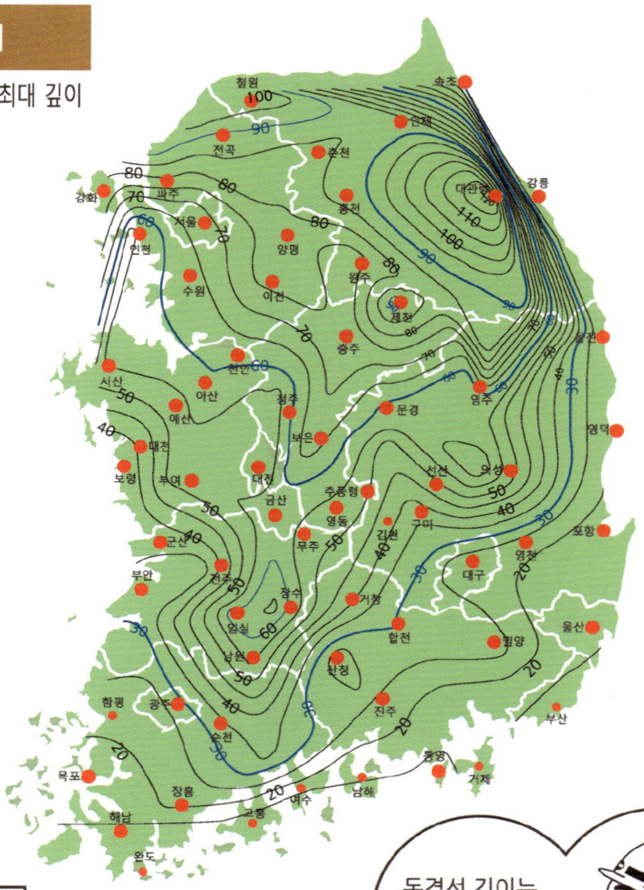

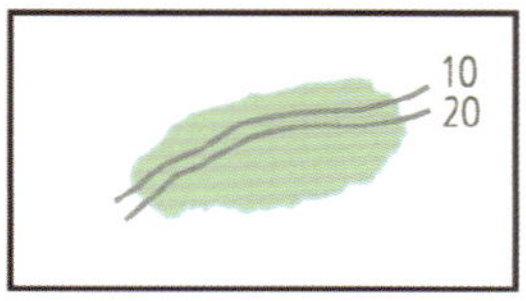

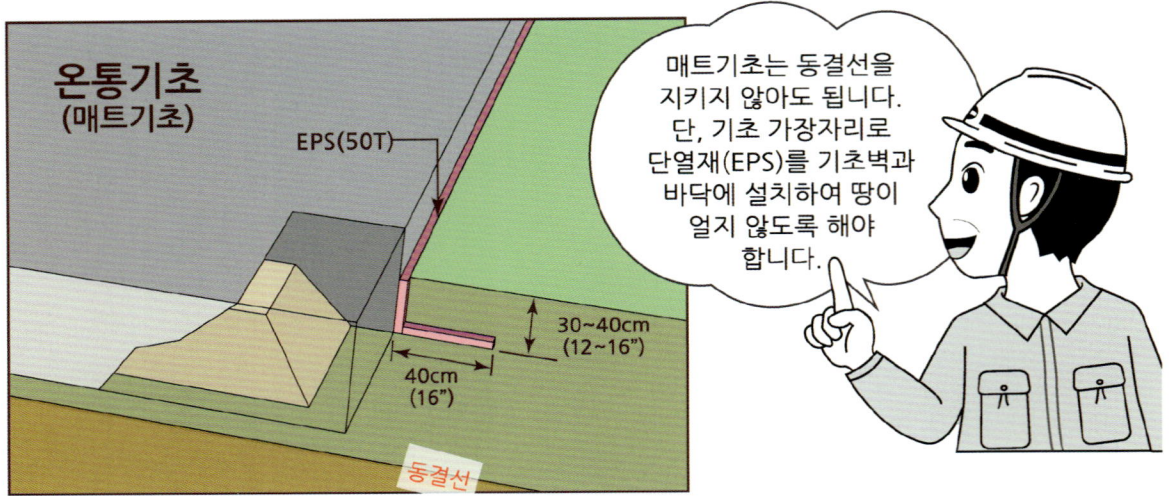

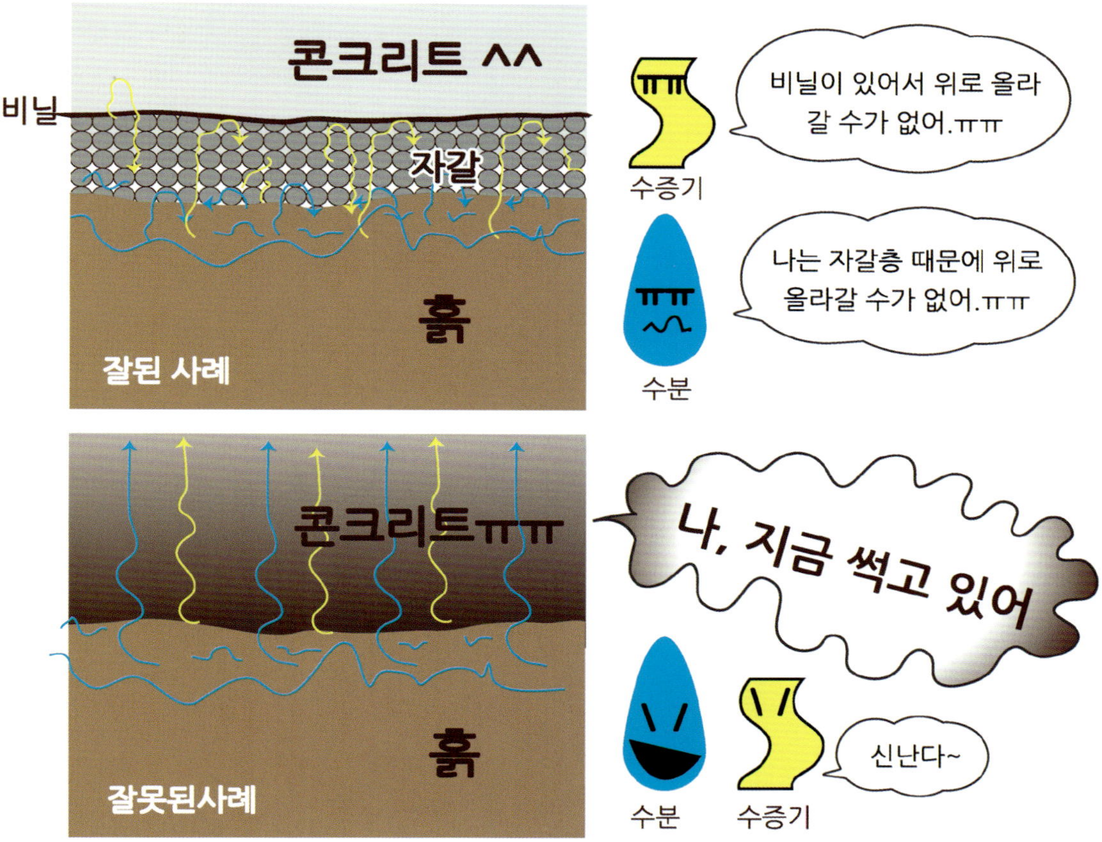

거푸집에 대하여

[가설재 임대가능 품목]

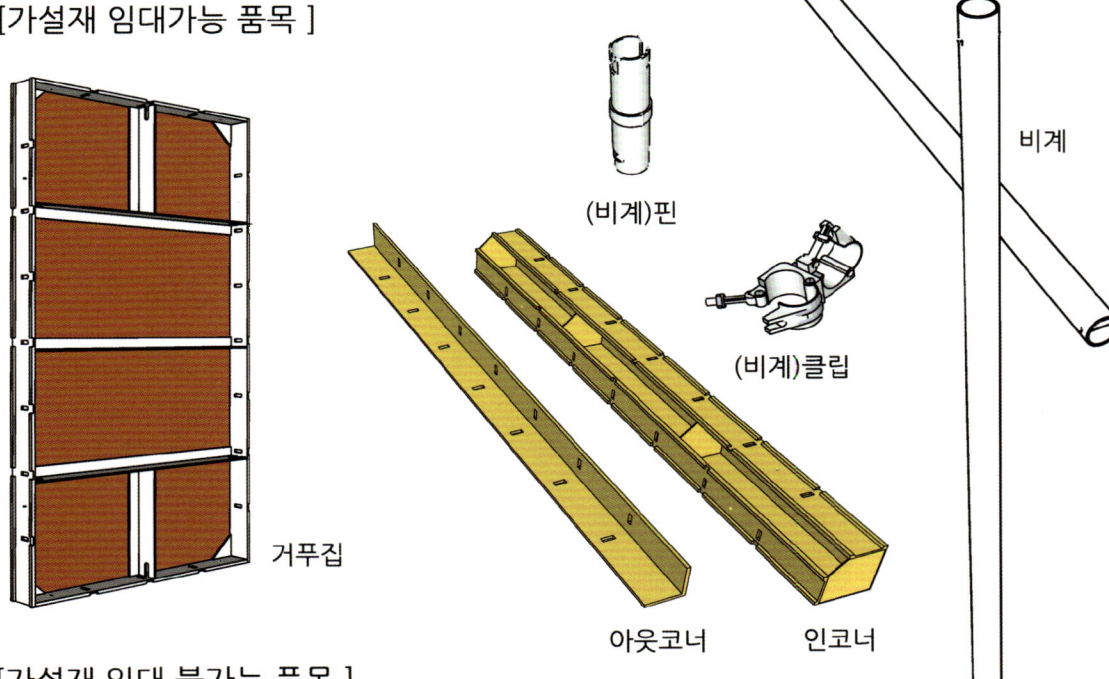

거푸집
(비계)핀
(비계)클립
비계
아웃코너
인코너

[가설재 임대 불가능 품목]

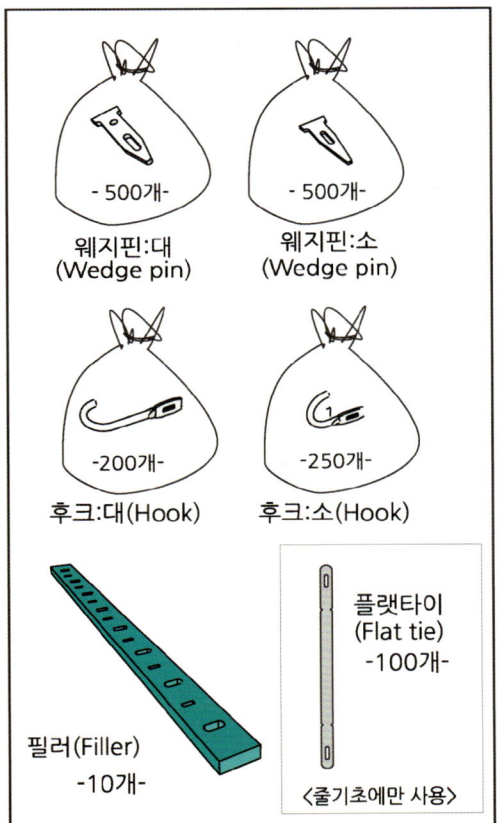

웨지핀:대 (Wedge pin) -500개-
웨지핀:소 (Wedge pin) -500개-
후크:대(Hook) -200개-
후크:소(Hook) -250개-
필러(Filler) -10개-
플랫타이 (Flat tie) -100개-
〈줄기초에만 사용〉

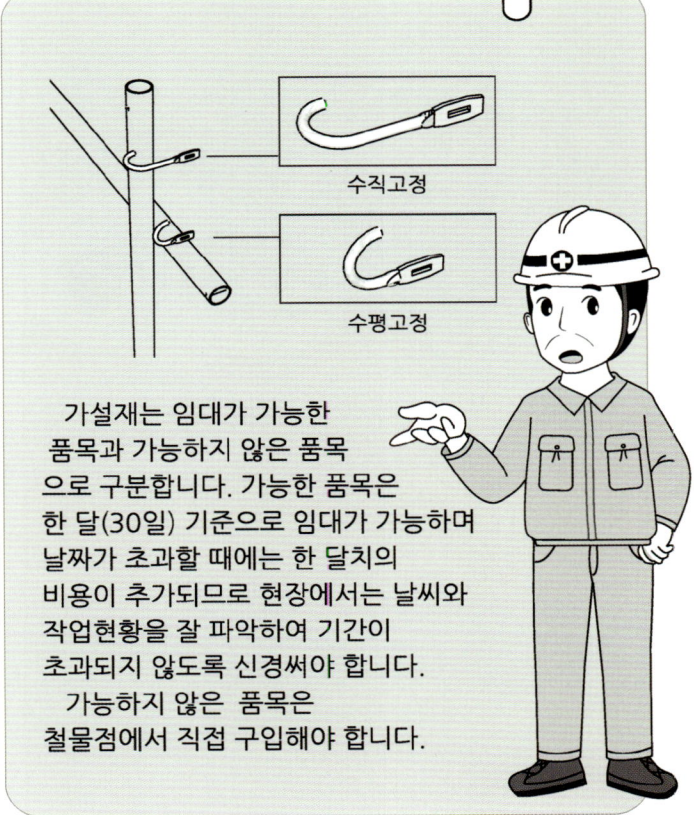

수직고정
수평고정

가설재는 임대가 가능한 품목과 가능하지 않은 품목으로 구분합니다. 가능한 품목은 한 달(30일) 기준으로 임대가 가능하며 날짜가 초과할 때에는 한 달치의 비용이 추가되므로 현장에서는 날씨와 작업현황을 잘 파악하여 기간이 초과되지 않도록 신경써야 합니다.
가능하지 않은 품목은 철물점에서 직접 구입해야 합니다.

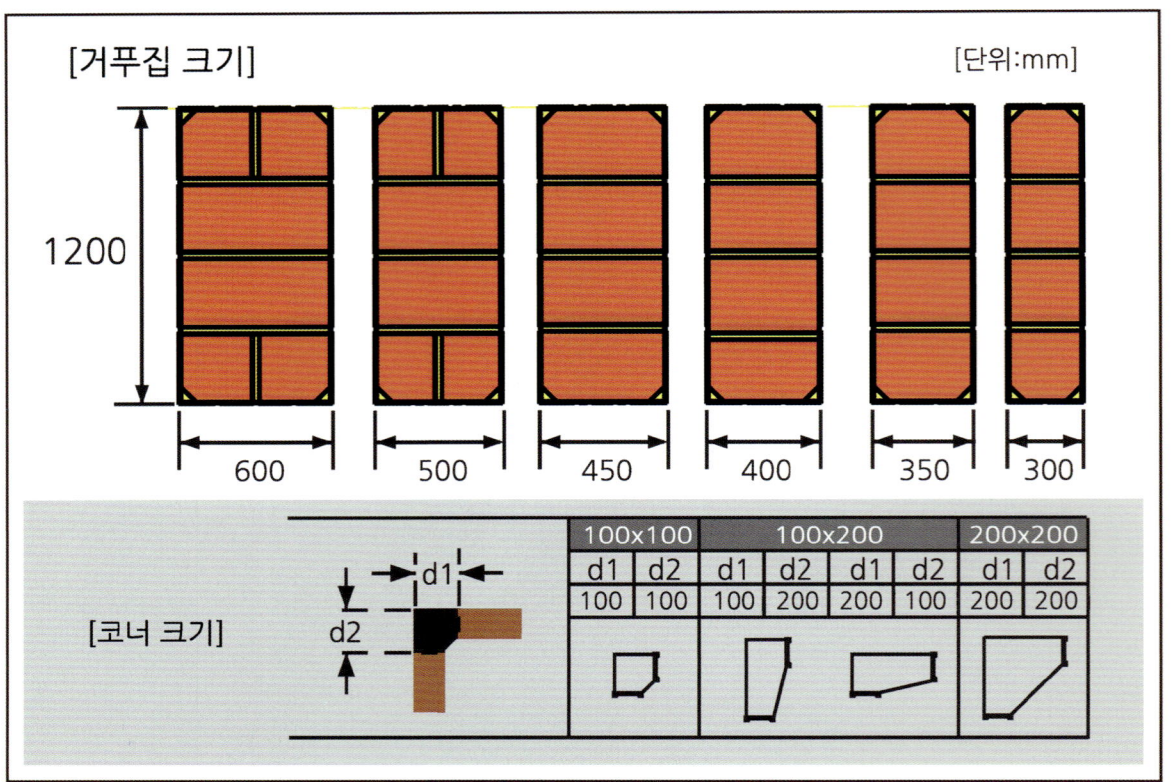

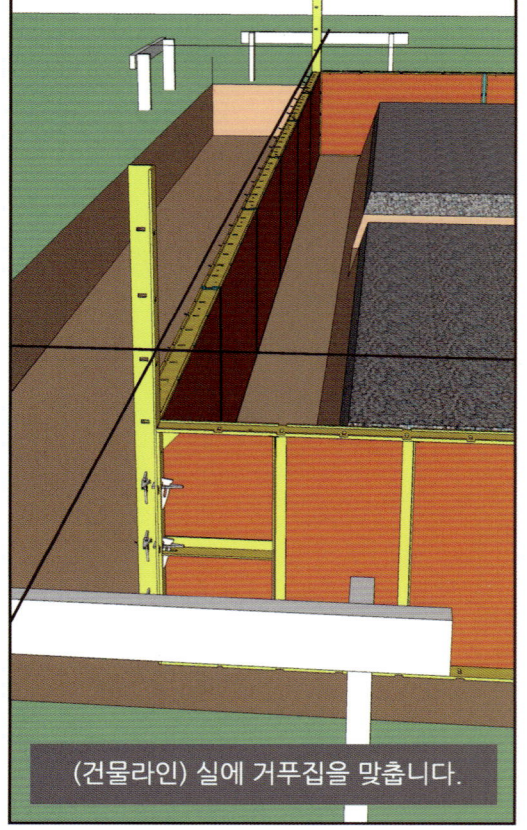

잘못된 가새설치

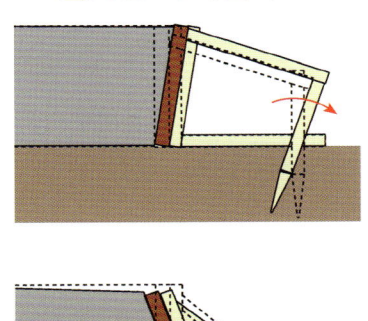
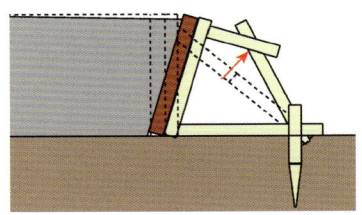
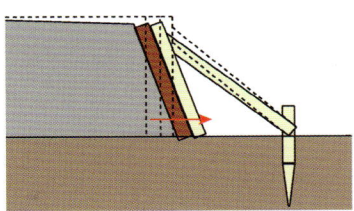
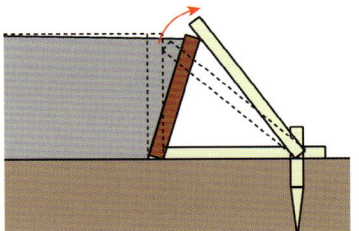

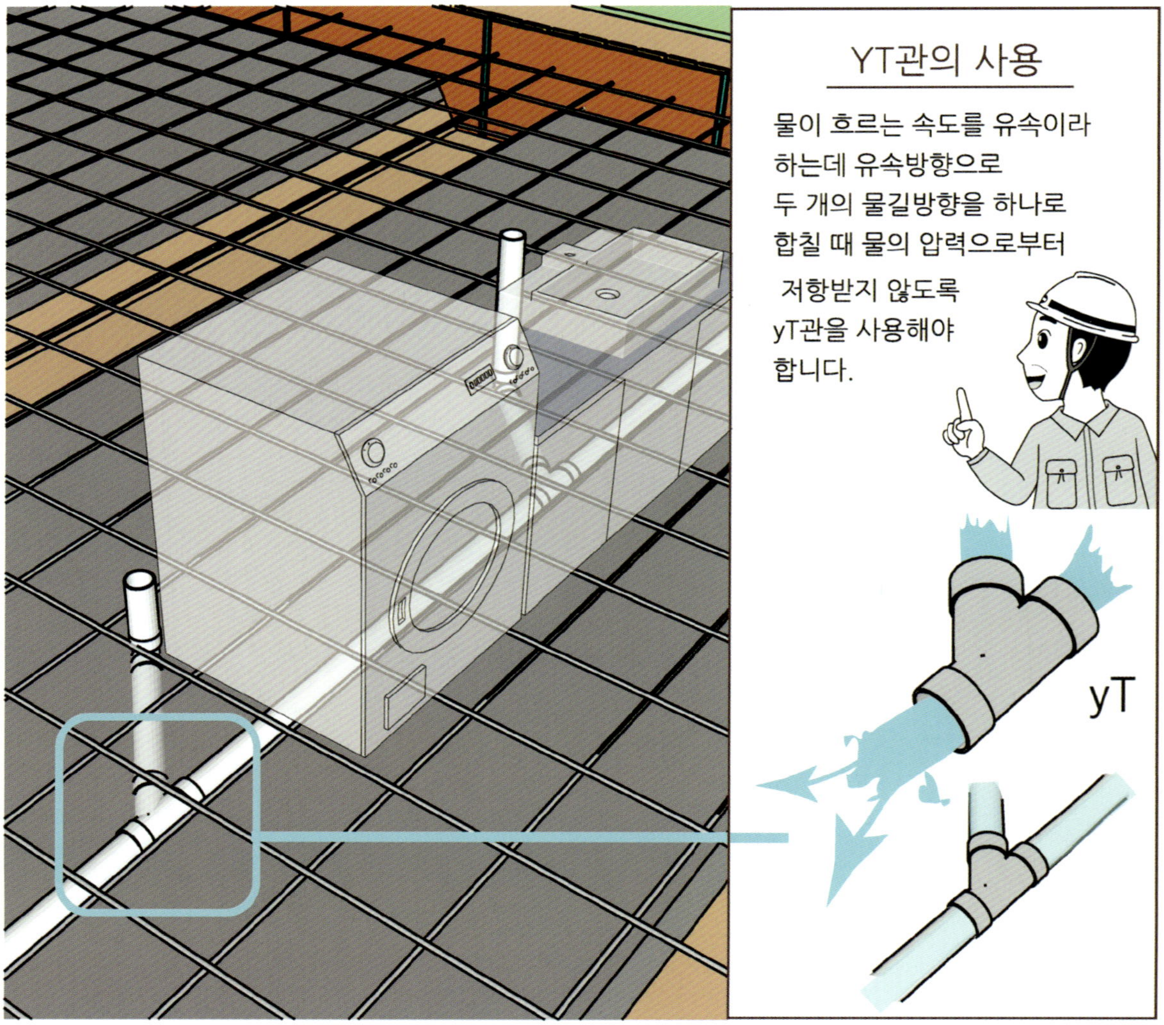

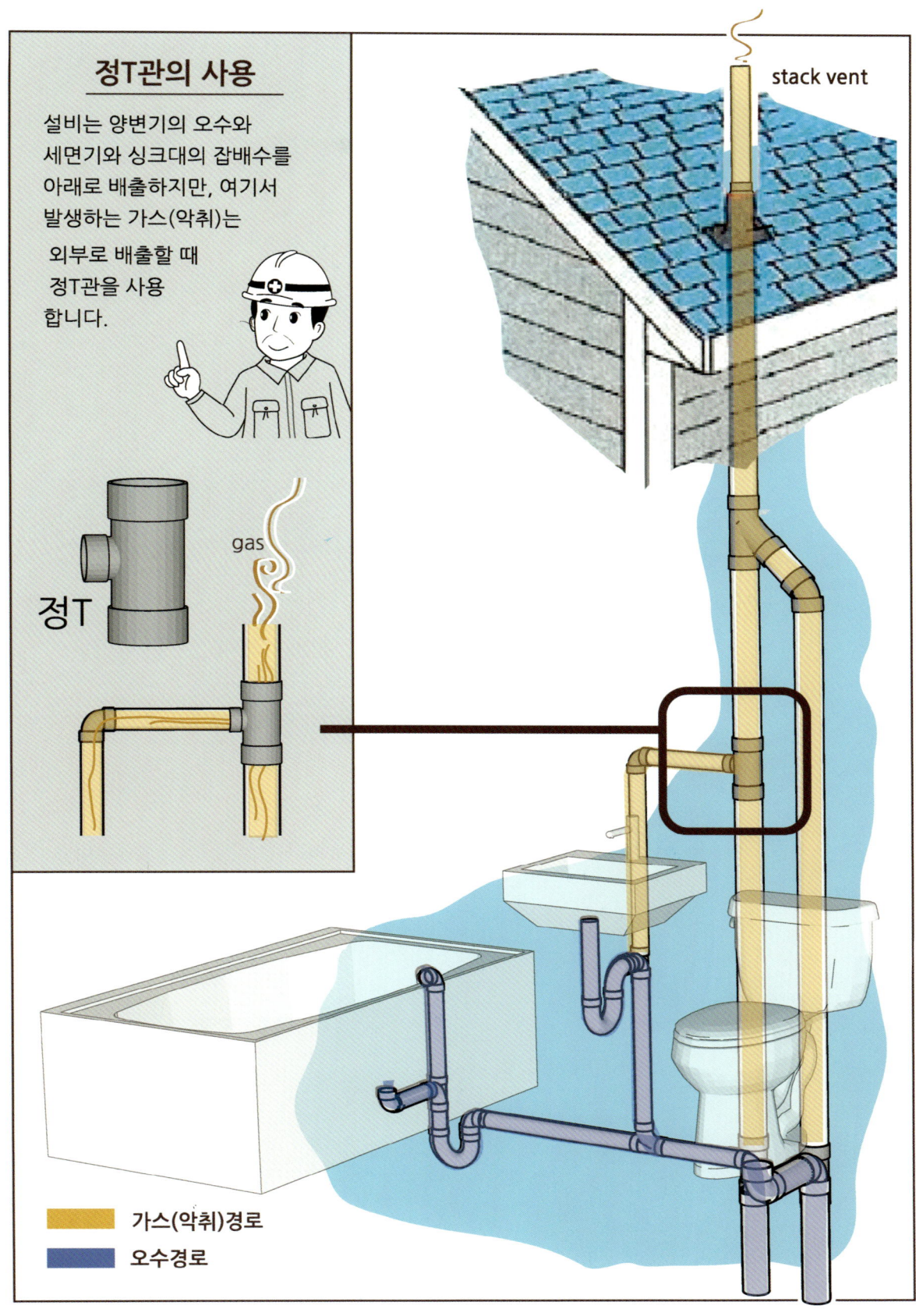

욕실도면을 보고 배관길이를 잽니다.

길이에 맞게 배관을 자릅니다.

배관설치를 끝내고, 자갈을 덮습니다.

휴~ 이제야 다 끝났네

클린아웃까지 한걸 보니 잘 하는 분 같아요.

클린아웃? 그게 뭐대요?

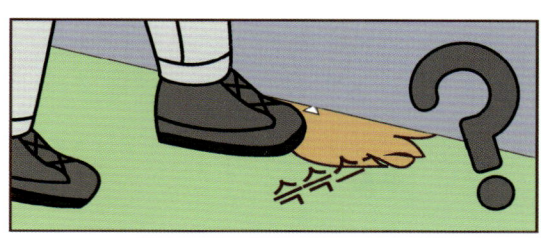

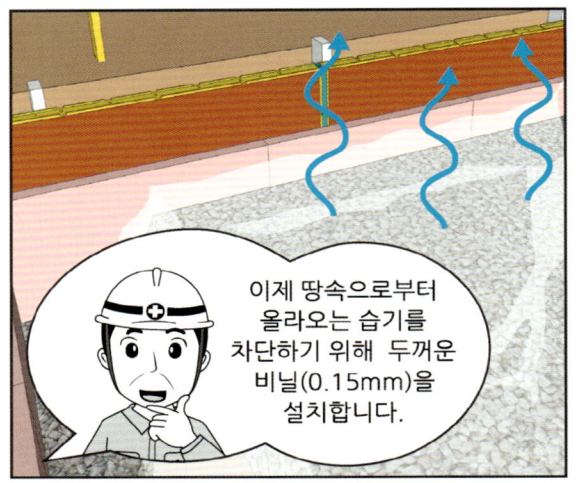

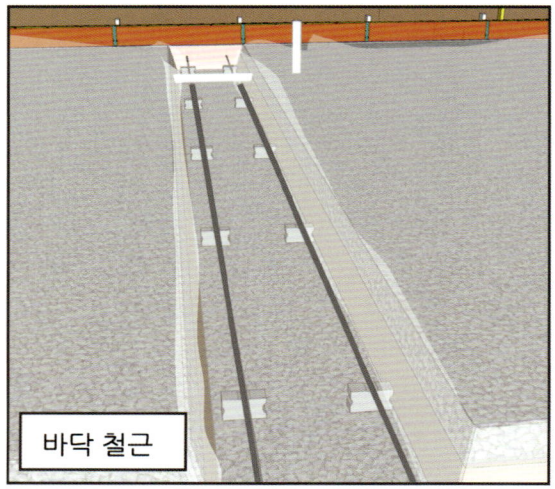

기초 수평 잡기

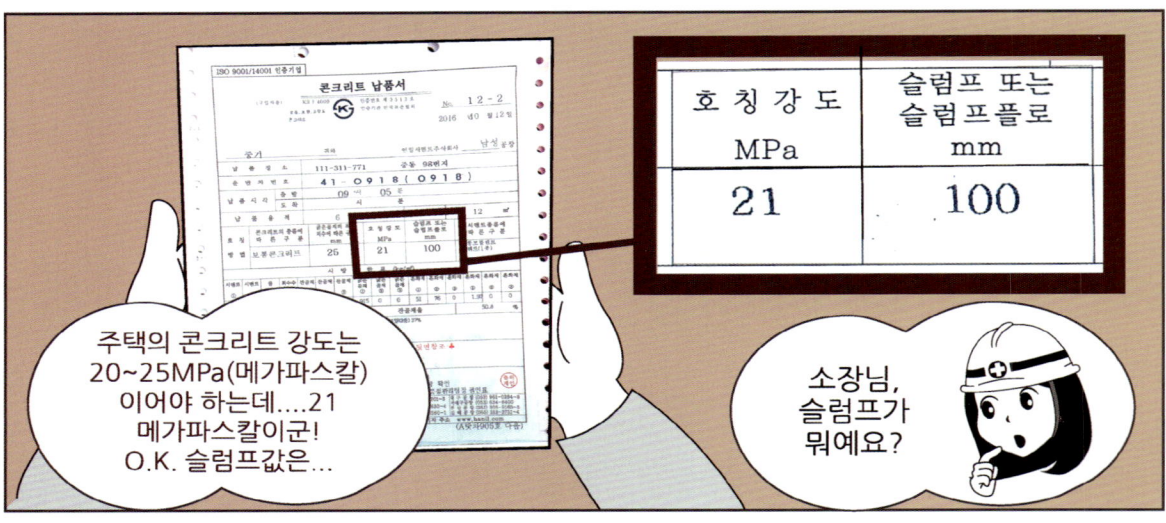

슬럼프 테스트

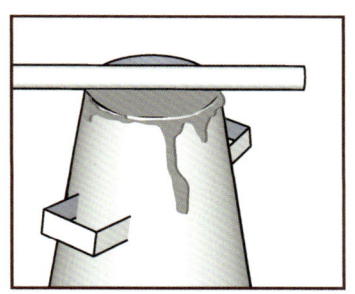

1. 콘크리트를 넣는다.

2. 골고루 다지고 넘친 부분을 제거한다.

3. 작업조건에 맞는 슬럼프값인지 높이를 확인한다.

이렇게 확인하는 거군요. 이제 그럼, 콘크리트 타설을 시작해 볼까요.

No.	작업 조건 Placing Condition	슬럼프(mm) Slump(mm)
1	슬래브, 보, 벽, 기둥에 세게 강화된 부분	50~100
2	슬립 거푸집, 펌프 콘크리트	50~100

위험하니까 옆으로 좀 비키세요.

빼-보-

빼-보-

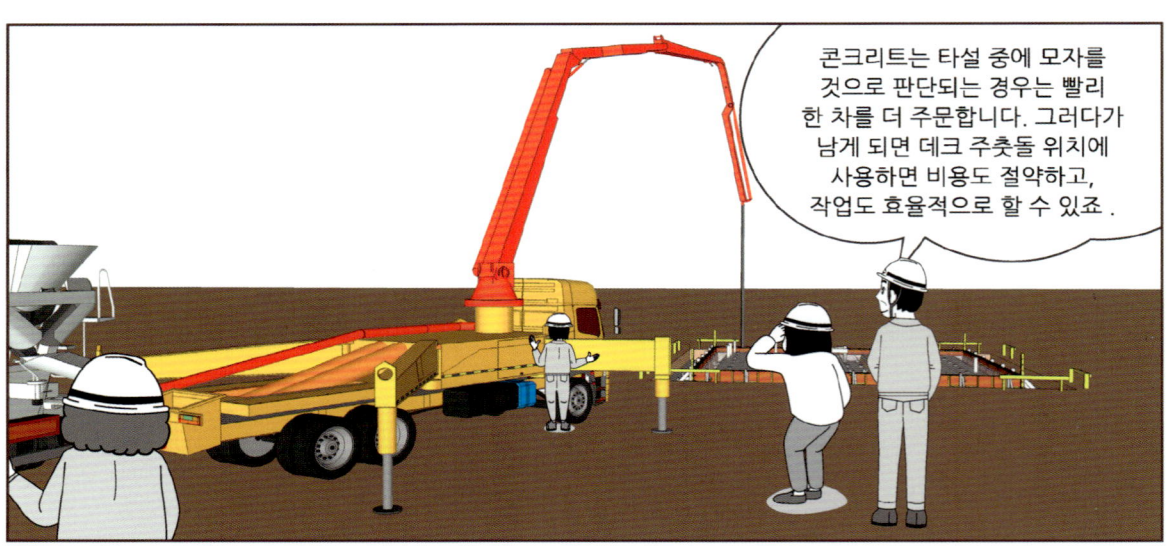

앵커볼트

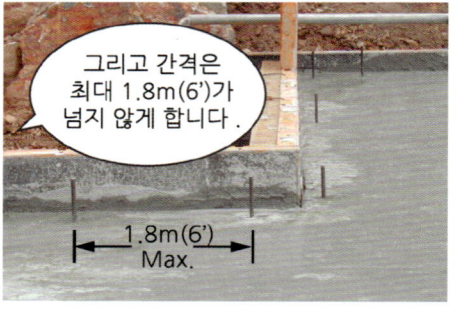

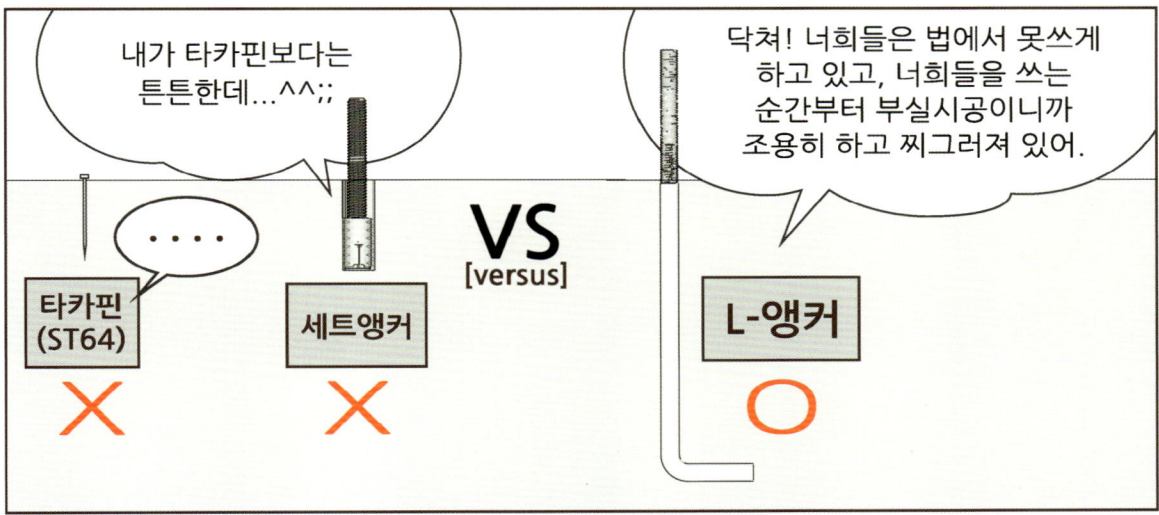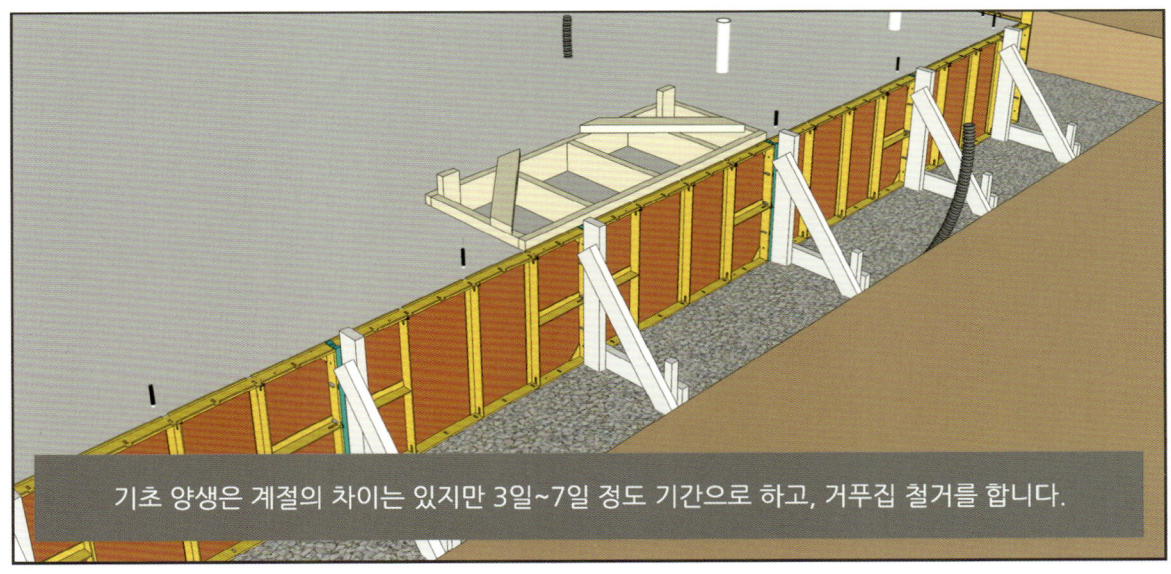

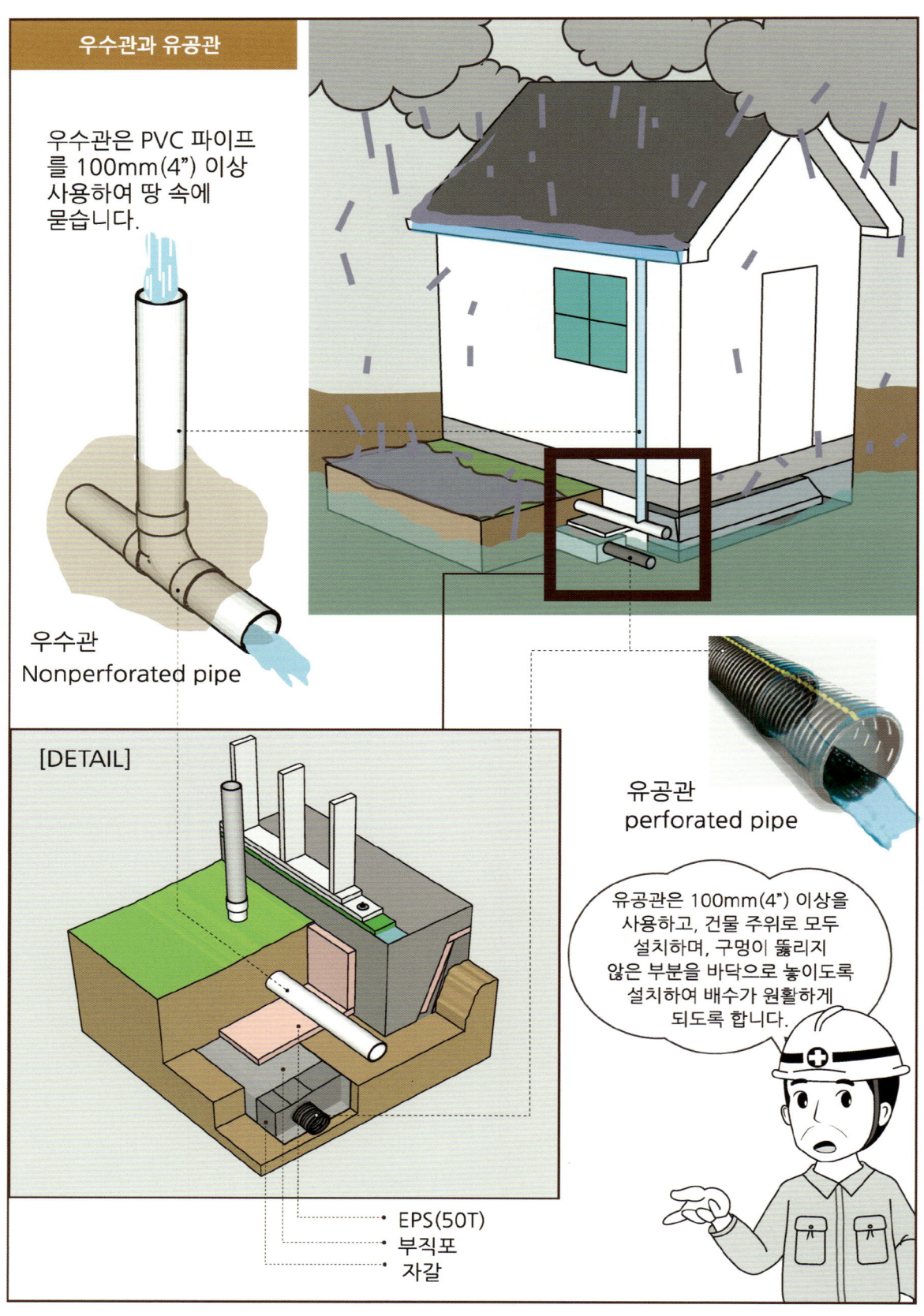

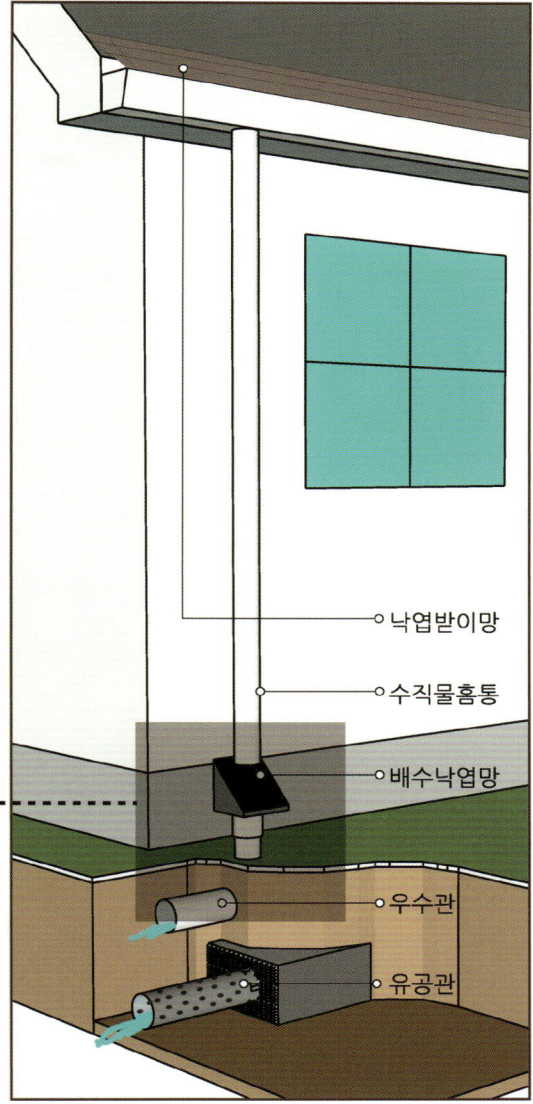
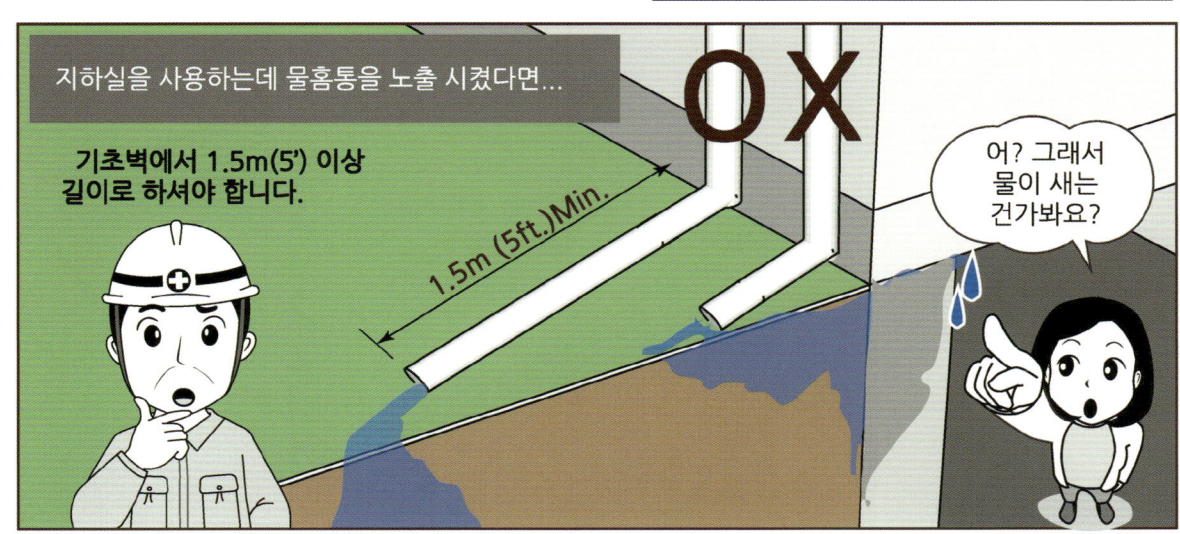

임대한 가설재를 트럭에 실어 보낸다.

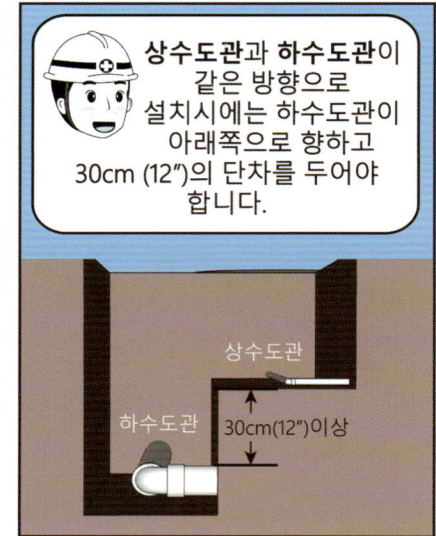

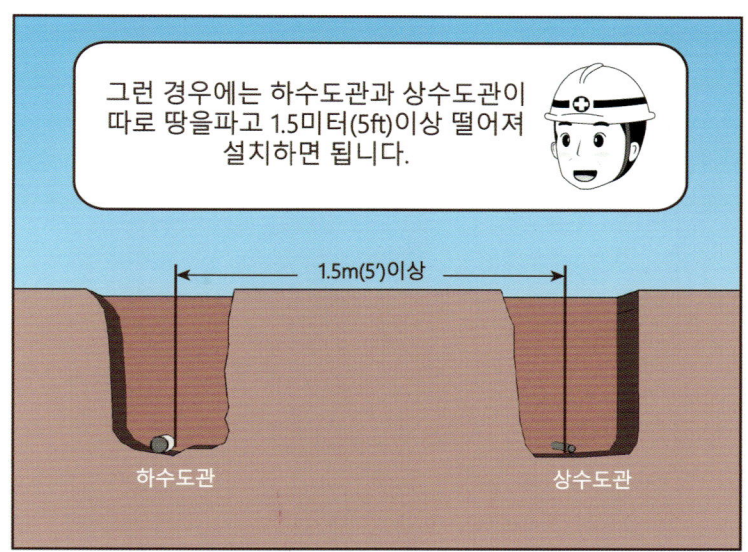

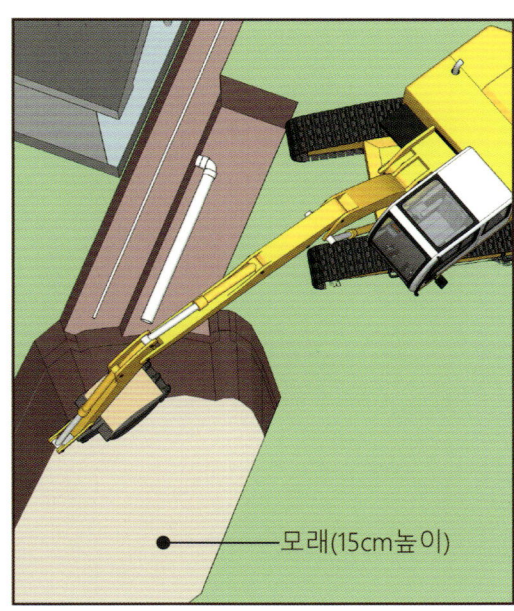

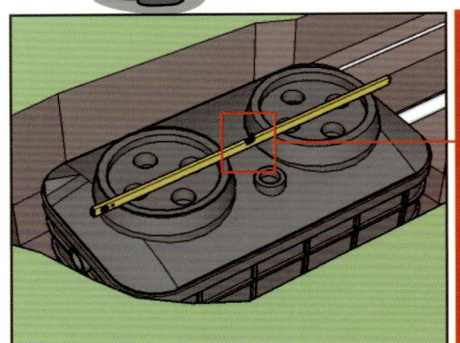 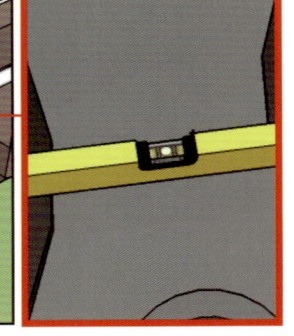 

수평대를 가로와 세로방향으로 올려놓고 수평확인을 합니다. 1/3정도를 흙을 메웁니다.

 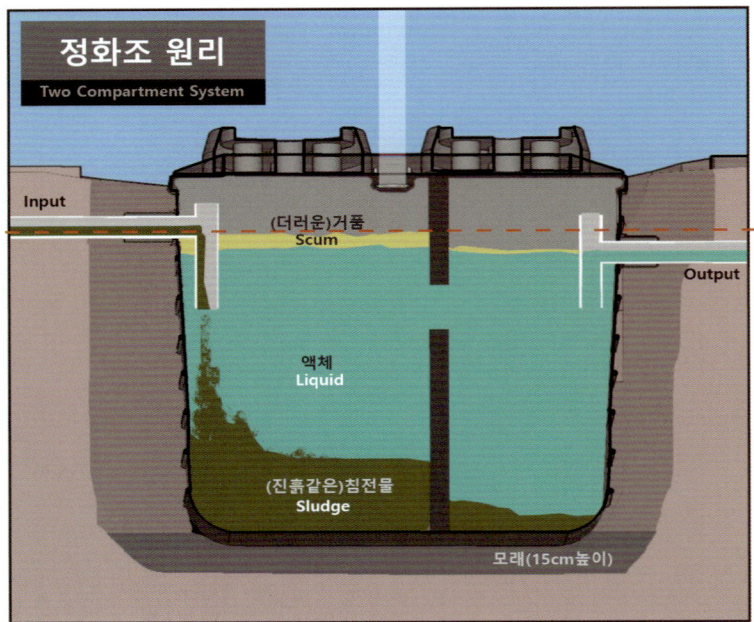

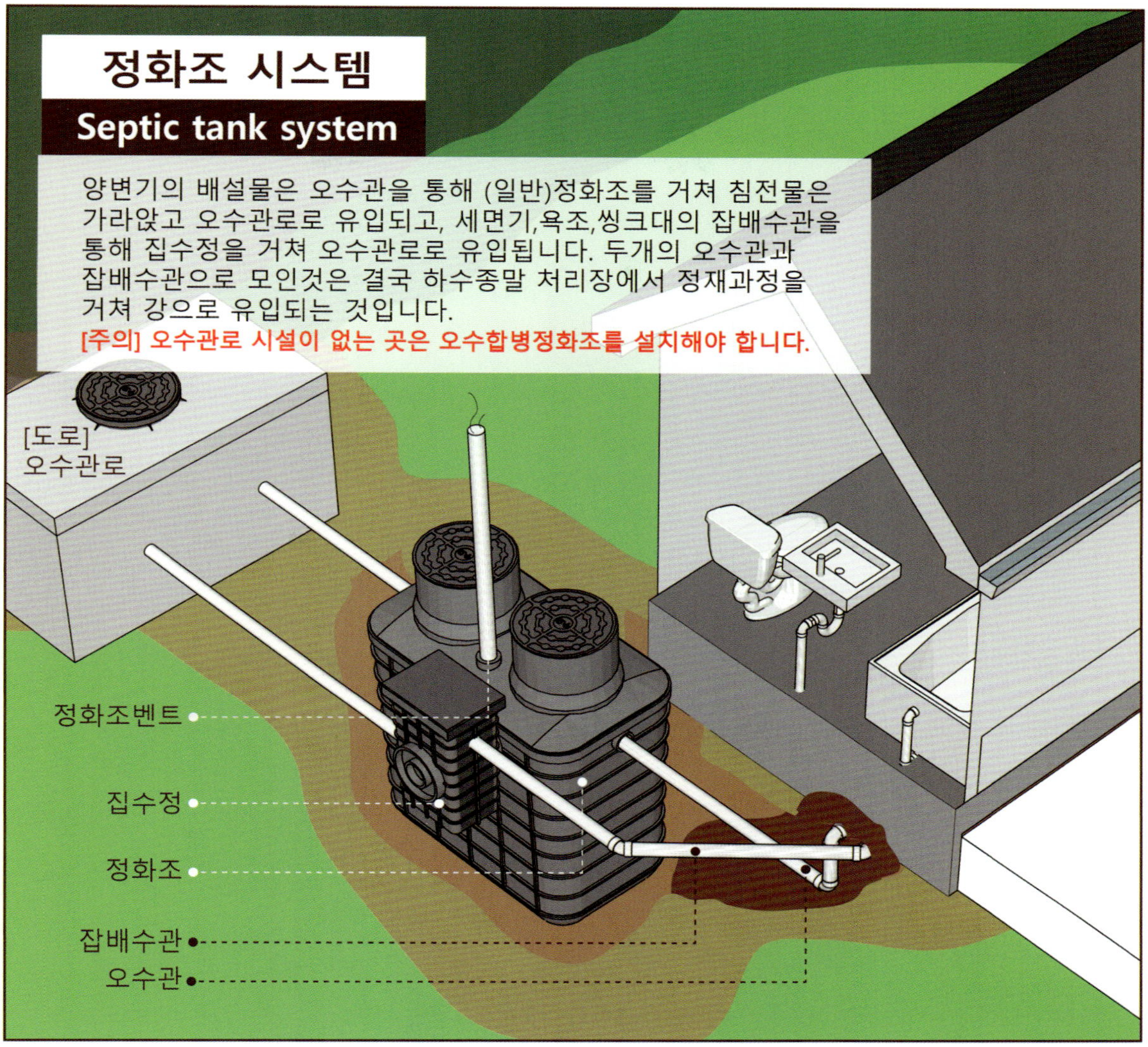

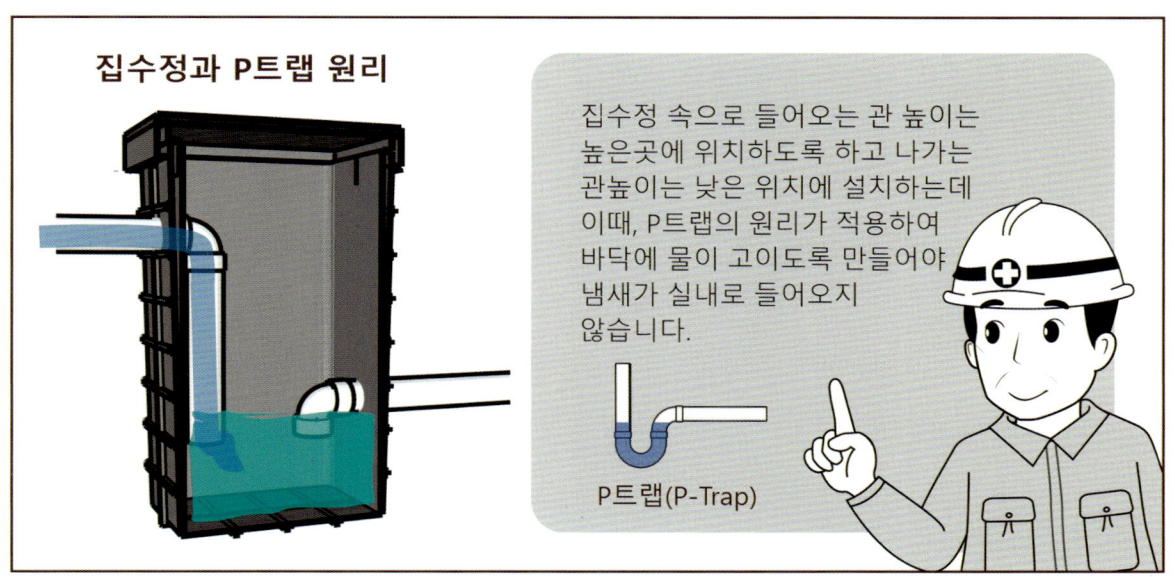

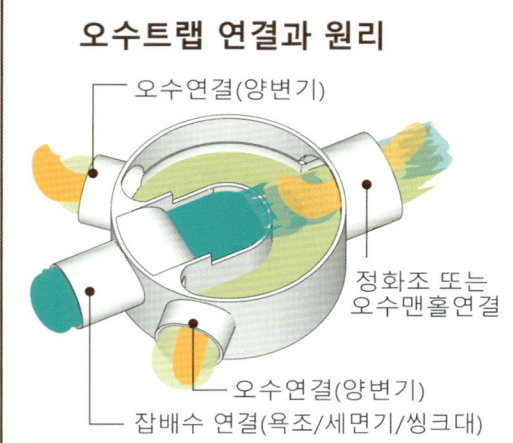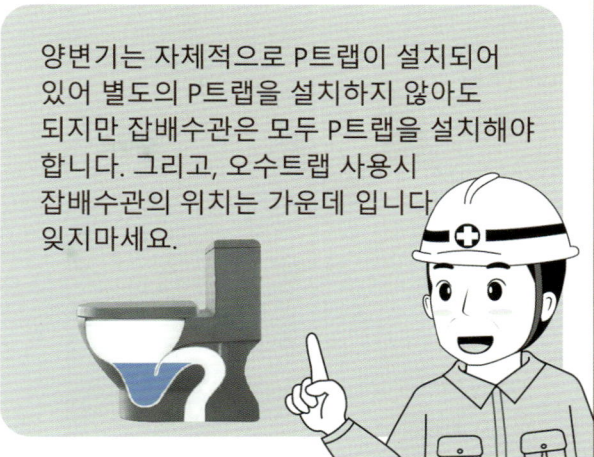

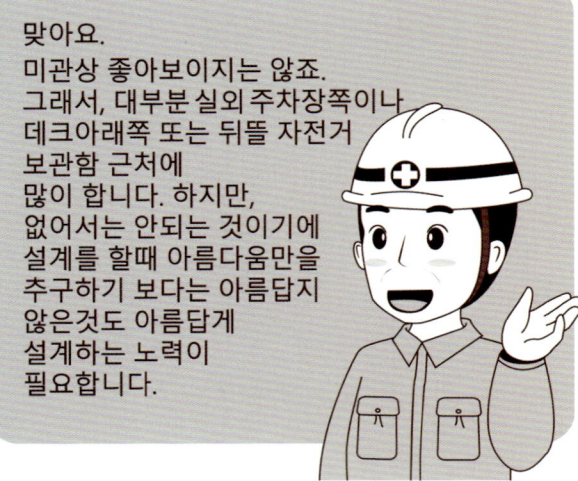

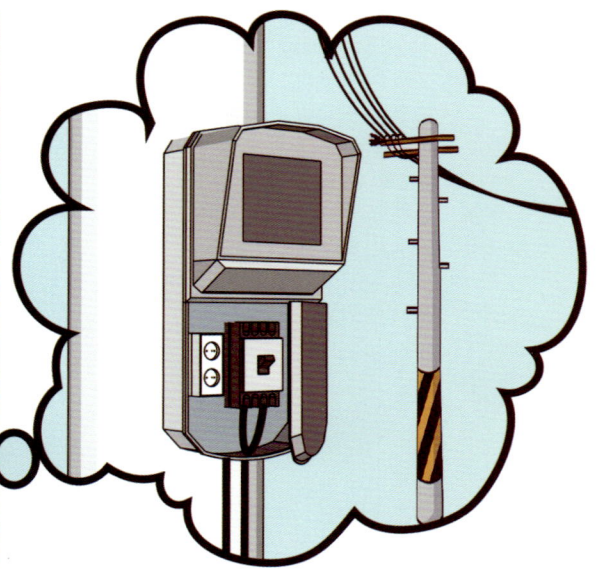

콘크리트 기초에 사용하는 공구

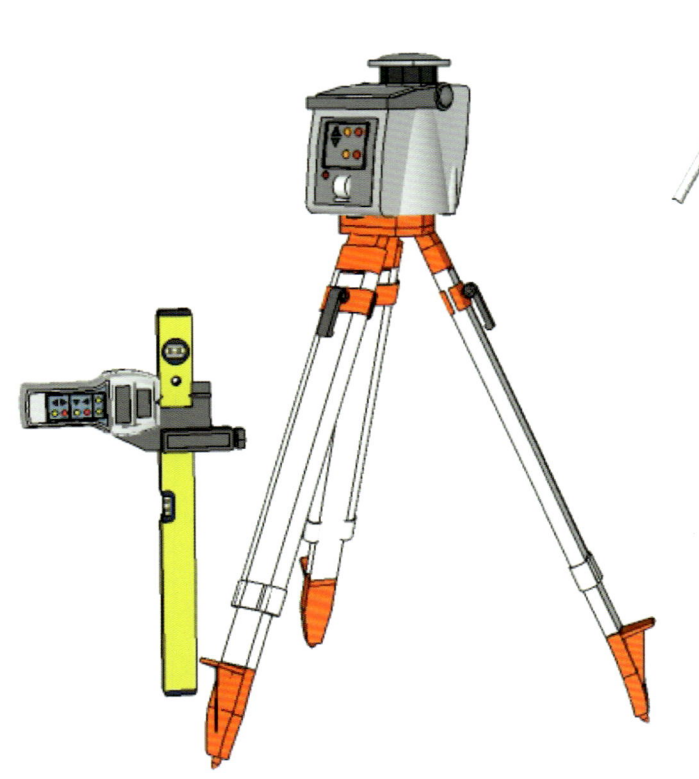

레이저 레벨 (Laser level)

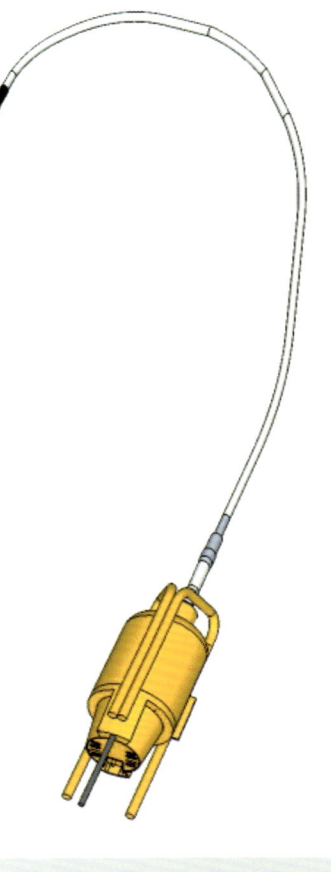

바이브레이터 (vibrator)

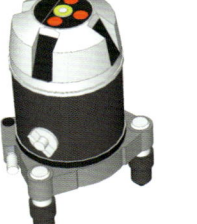

레이저 레벨 (Laser level)

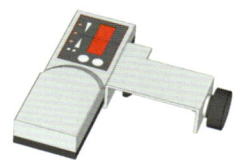

레벨센서 (Level sensor)

벤딩기 (rebar bending)

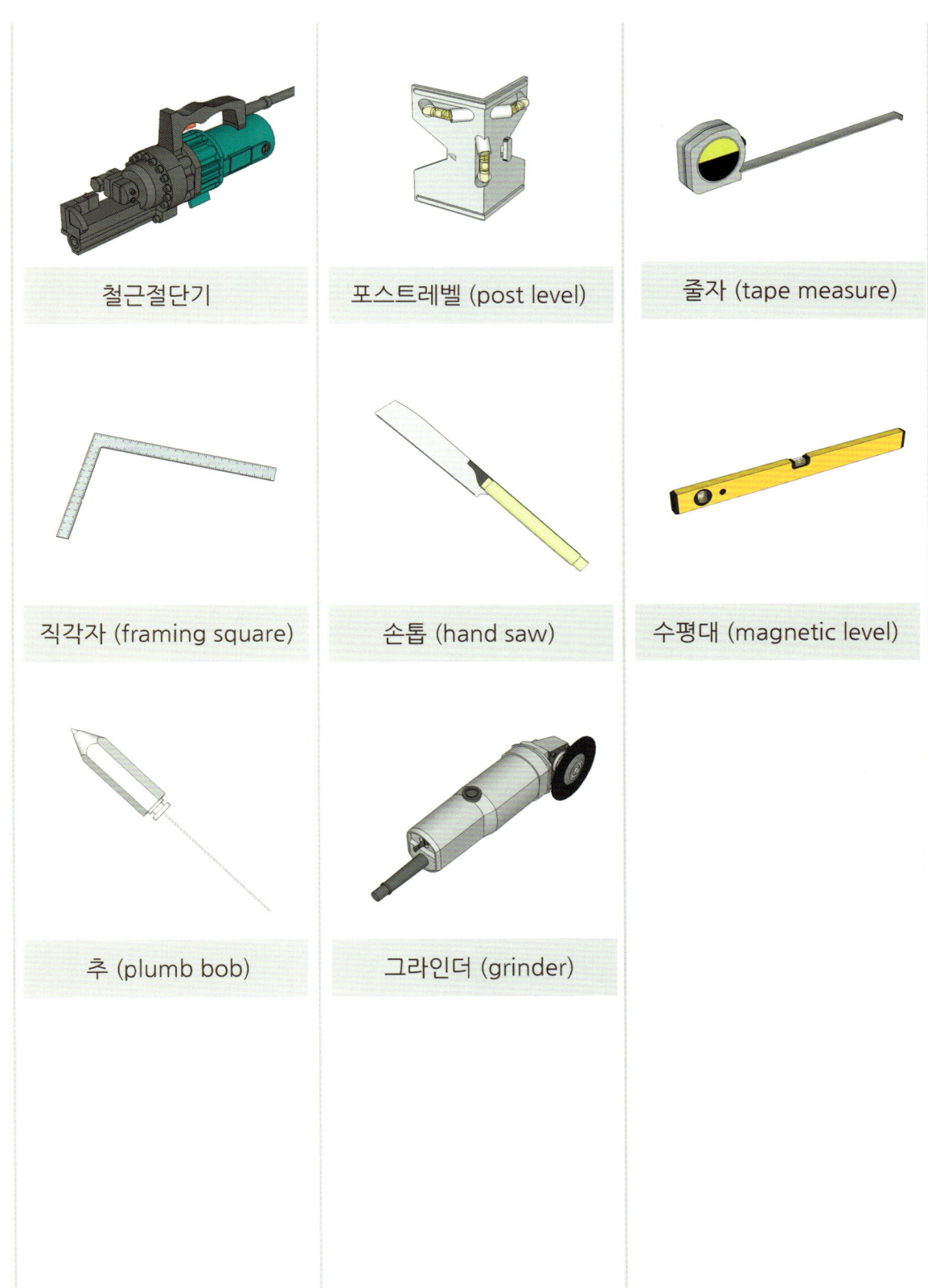

콘크리트 기초 장비

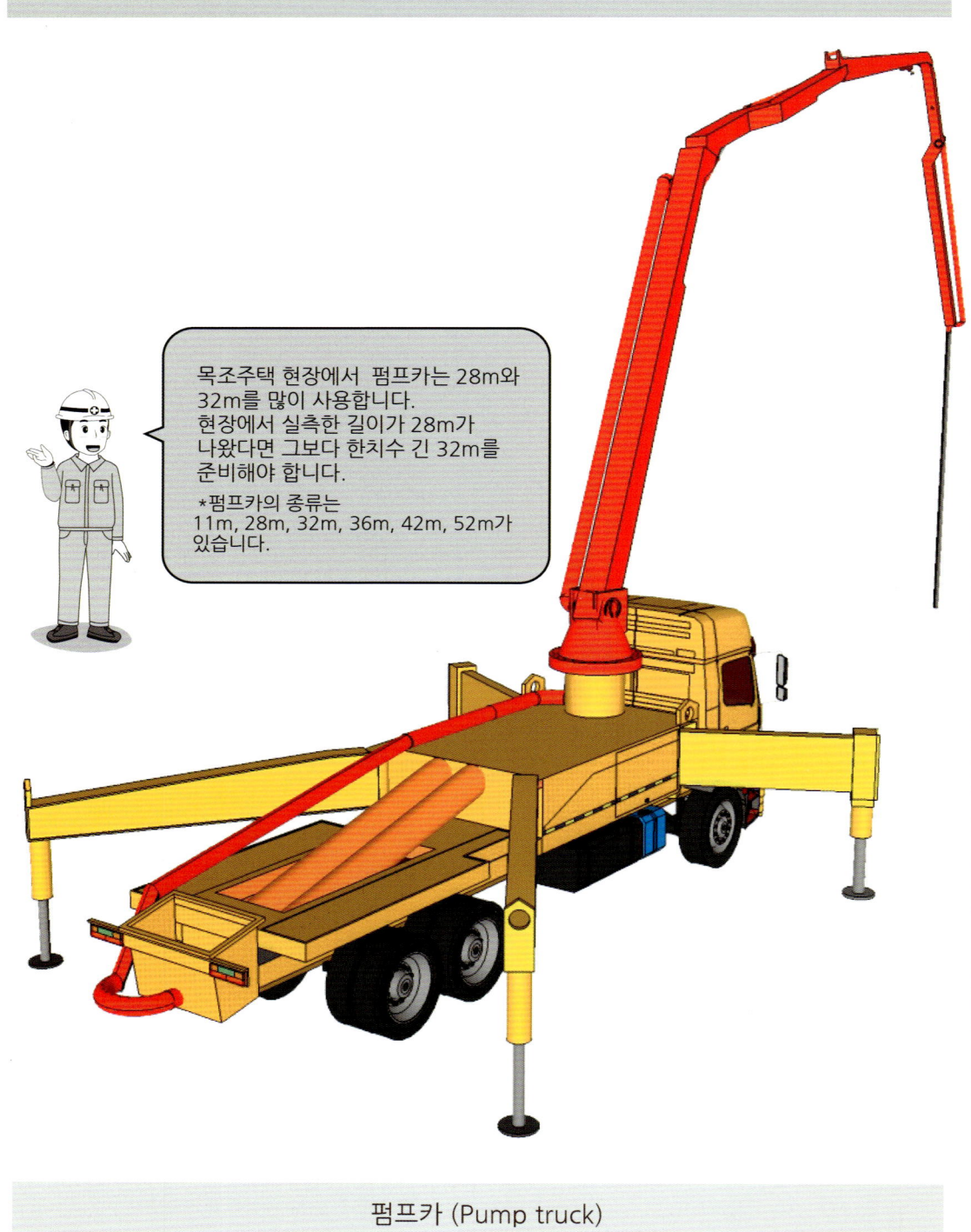

목조주택 현장에서 펌프카는 28m와 32m를 많이 사용합니다.
현장에서 실측한 길이가 28m가 나왔다면 그보다 한치수 긴 32m를 준비해야 합니다.

*펌프카의 종류는
11m, 28m, 32m, 36m, 42m, 52m가 있습니다.

펌프카 (Pump truck)

굴착기의 종류는 바가지(Bucket)의 크기로 구분합니다.
예를들어, 02(공투)는 한번 떠내는 바가지의 양이 0.2루베의 작업을 할 수 있다는 뜻 입니다.

*1루베=가로1m X 세로1m X 높이1m

	타이어(W) 	무한궤도(LC) 
02	없음	있음
03	있음	없음
06	있음	있음
08	있음	있음
10	있음	있음

* 10이상은 무한궤도만 있음

굴착기 (excavator)

지게차 톤수는 들수 있는 무게를 나타냅니다. 예를들어, 3톤이면 최대가 3톤이란 뜻으로 지게차 자체무게는 3톤이 넘죠.
그런데, 3톤을 들때 3톤을 발주하면 위험하므로, 그보다 높은 톤수를 발주해야 합니다.

지게차 (forklift)

레미콘 (Concrete Mixer Truck)

트럭 (truck)

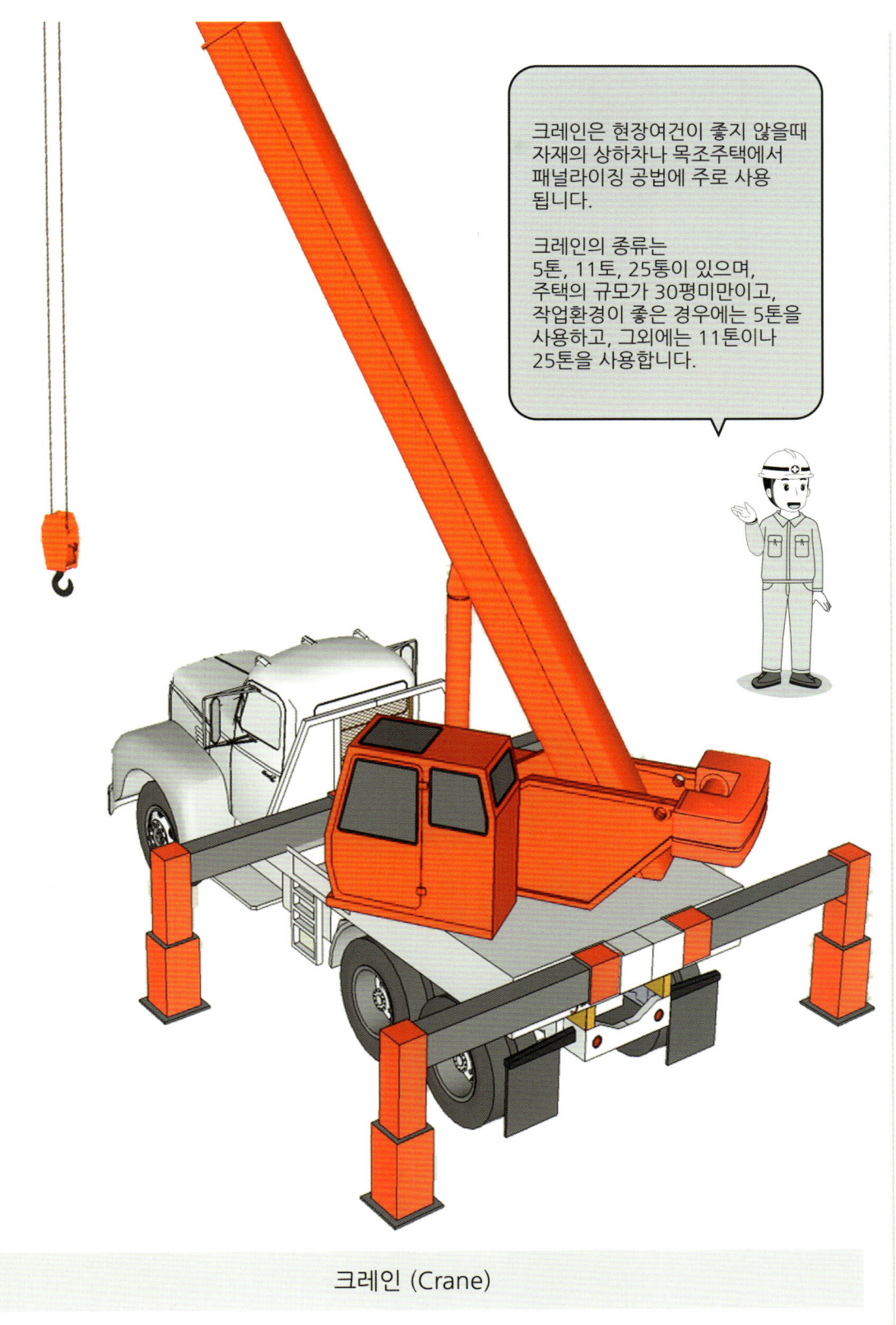

크레인 (Crane)

Index

머리말

목 차

ㄱ

가새	170
가설재	168
거푸집	169
건축가	23
건축사	23
건축신고	147
건축예정지	155
경량목구조	130
계약서	94
계획설계	97
기성설계	23

ㄴ

낙엽받이망	196

ㄷ

다락규정	81
동결선	164

ㄹ

레미콘	182

ㅁ

맞춤설계	23
매뉴얼 하우스	120
매트기초	163
맹지	14
면기	183
모세관현상	166
목재인증마크	43
목조주택 교육	116
못박기 규정	48
무단경작금지	156
미국건축사협회	20

ㅂ

발룬구조	132
배수	192
배수낙엽망	196
베니어방식	46

ㅅ

상수도, 도로컷팅	157
상수도 작업	157
산재보험	148
세라믹 사이딩	55
셋트앙카	192
수도신청	146
스타터 후레쉥	58
슬럼프테스트	185

ㅇ

앵커볼트	189
연부앙카	190
오수트랩	199
온통기초	164
우수관	195
유공관	195
임시전기	146
임시전기분전함	200
임시전기, 전봇대	156

ㅈ

정T관 174
정화조 199
정화조뚜껑 199
정화조시스템 199
지적말뚝 160
집수정 199

ㅊ

차도용 199
착공신고 147

ㅋ

클린아웃 179

ㅌ

토지등록대장 101
토지측량 26
토지측량 158

ㅍ

패널라이징 시스템 153
표준계약서 19
표준스터드 107
133
플랫폼구조 132

우리집은 목조주택 1

최현기 소장 (1968년생)
서울 고척고등학교 1회 졸
단국대학교 건축학과 중퇴
단국대학교 건축학과 겸임교수역임

저 서
[목조주택 시공실무] - 2006 문화관광부 선정 우수학술도서

개 발
목조주택관련 특허2점 / 목조주택용 계산기(5종) / 목조주택 견적앱 "O4B" 개발중

현 재
(도서출판) 마스터빌더 대표 / 목조건축학교 운영 (교육상담 : 010-3336-0442)
산림교육원 강사 / (도서)메뉴얼하우스 집필중 / (도서) DECK 집필중 /

블 로 그 : 최현기의 목조건축학교
주 활 동 : 목조주택 시공 / 설계 / 감리

정 가 25,000 원

2019년 10월 1일 1판 1쇄 발행

지원 사실 문구

이 도서는 한국출판문화산업진흥원의
'2019년 출판콘텐츠 창작 지원 사업'의 일환으로
국민체육진흥기금을 지원받아 제작되었습니다.

저 자	최 현 기
발 행 인	최 현 기
발 행 처	마스터빌더
주 소	경기도 용인시 기흥구 구성로 395
전 화	010 - 3336 -0442
이 메 일	masterbuilder@nate.com
출판등록	2019. 4. 5
I S B N	979-11-966782-0-3

기획 | 최현기 | 서연교 |
편집 | 최현기 |
사진 & 그래픽 & 표지 디자인 | 최현기 |
제작 | 최현기 | 서연교 | 이재원 | 유승원 |
illustrator | 달수현 | 라미 | 최현기 |

* 본문에 사용된 서체는 네이버에서 제공한 나눔글꼴이 적용 되었습니다.